学術選書 063

宇宙と素粒子のなりたち

糸山浩司・横山順一・川合 光・南部陽一郎 著

KYOTO UNIVERSITY PRESS

京都大学学術出版会

はじめに

　素粒子で与えられる極微の世界の追究と，宇宙の始まりの解明への探求は，21世紀の物理学において，お互いに影響を及ぼしあい，不思議な世界を織り成しています。この学問のフロンティアの現状を少しでも体感していただきたいという願いを込め，本書は著されました。

　本書の内容は，2012年4月7日，大阪市北区中之島大阪国際会議場（グランキューブ大阪）で開催された大阪市立大学主催市民講演会「宇宙と素粒子のなりたち」における三名（糸山浩司・大阪市立大学大学院理学研究科教授，横山順一・東京大学大学院理学系研究科・ビッグバン宇宙国際センター教授，川合光・京都大学大学院理学研究科教授）による講演と，2008年ノーベル物理学賞受賞南部陽一郎（シカゴ大学名誉教授・大阪市立大学特別栄誉教授）氏による京都大学21世紀COEプログラム公開講演会「相転移とはなんだろう？――宇宙・物質のなりたち――」における講演に基づいています。

　「宇宙と素粒子のなりたち」は，大阪市立大学国際学術シンポジウム"Progress in Quantum Field Theory and String Theory"最終日夕刻に，高校生を含む一般市民を対象に行われ，「対称性の自発的破れ」，「超初期宇宙」，「ひも（弦）」のテーマに関して科学の面白さ・不思議さが論じられました。会場には定員をはるかに超

える 270 名の方々が集まり，活発な質問もあり，盛大な講演会となりました。講演会後日，数名の出席者から「講演内容について更に理解するために役立つ著作はないか」との問い合わせを受けたことは，本書作成へのひとつの動機となっています。南部陽一郎氏の「20 世紀の物理から 21 世紀の物理へ」は，2005 年 2 月 15 日，京都大学時計台記念館百周年記念ホールでの講演に基づいており，上記の I‒III 章と合わせて，今回出版の運びに至っています。

　2012 年 7 月に，欧州原子核機構（CERN）にある大型ハドロン衝突型加速器（LHC）で，ヒッグス粒子らしき素粒子が発見され，「ゲージ対称性の自発的破れ」に基づく電磁弱相互作用標準理論の基本的考え方の妥当性が，再確認されました。また本書のタイトルが示すように，現代の素粒子物理学と宇宙論との関係は近年ますます緊密になってきており，「インフレーション」，「ダークマター」等両者が共有する謎が，将来の進展への鍵を握っています。「超ひも理論」の近年の成果が，標準理論を超えるこれらの謎に解決策をもたらす事ができるのかも，まさにこれからの問題です。20 世紀から現在に至る物理の歴史に鑑みて，今後 10－20 年の物理学の進歩を夢想するのは，我々物理学者にとっても容易なことではありません。自然界の新たな横顔がいくつか見え始めている現在において，本書が読者にこの学問へのさらなる興味を引き起こすことができれば，著者達にとってこの上ない喜びです。

糸山浩司

目　次

はじめに　　　　　　　　　　　　　　　　　　　　　　　　　　　　i

第Ⅰ章

対称性の自発的破れと素粒子物理　糸山浩司　　　　　3

1　はじめに　　　　　　　　　　　　　　　　　　　　　　　　　3
2　「対称性の自発的破れ」とは　　　　　　　　　　　　　　　3
3　物質の階層性と素粒子　　　　　　　　　　　　　　　　　　6
4　人間が自然界を理解してきたやり方　　　　　　　　　　　　9
5　「力」の理解　　　　　　　　　　　　　　　　　　　　　　13
6　「対称性の自発的破れ」と現代の素粒子物理学　　　　　　16
7　南部理論から素粒子の電磁・弱標準理論へ　　　　　　　　20
8　「真空」の歴史　　　　　　　　　　　　　　　　　　　　　22
9　超対称性の自発的破れ　　　　　　　　　　　　　　　　　　29
10　終わりに　　　　　　　　　　　　　　　　　　　　　　　　31

第Ⅱ章

宇宙の始まる前　横山順一　　　　　35

1　「宇宙」という言葉　　　　　　　　　　　　　　　　　　　35
2　ものさしを変えて見る——日常の物理と宇宙の物理　　　　36
3　ニュートンが考えた宇宙　　　　　　　　　　　　　　　　　44
4　アインシュタインの相対性理論　　　　　　　　　　　　　　48

5	膨張する宇宙	49
6	宇宙の始まりと宇宙の果て	58
7	インフレーション	62

第Ⅲ章

究極理論に向けて ── 超ひも理論の展望　川合　光
77

1	自然科学の発展のしかた	77
2	基本的な粒子と相互作用	79
3	標準模型	85
4	相互作用の統一	88
5	重力と他の三つの力の大きさの違い	94
6	発散の問題の歴史	105
7	ひも理論とは	109
8	弦の非摂動効果	114
9	究極の理論に向けて	124

第Ⅳ章

二十世紀の物理から二十一世紀の物理へ　南部陽一郎
129

1	はじめに	129
2	アインシュタインの二十世紀	131
3	現代物理学の地平と展望	143
4	おわりに ──二十一世紀の物理とは何か	161

謝　辞　165
索　引　166

宇宙と素粒子のなりたち

第Ⅰ章 *Chapter I*

対称性の自発的破れと素粒子物理

糸山浩司

1 はじめに

2008年，本書第Ⅳ章の著者である南部陽一郎博士（シカゴ大学名誉教授・大阪市立大学特別栄誉教授）がノーベル物理学賞を受賞されました。受賞理由は，「対称性の自発的破れの素粒子物理学における発見」です。本章では，「対称性の自発的破れ」とは何か，この考え方が素粒子物理学においてどのような形で導入，発展し現在にいたっているかを中心に，その周辺にある物理も含めつつ紹介します。

2 「対称性の自発的破れ」とは

読者の皆さんがすでによくご存じのように，2008年ノーベル物理学賞は，南部博士と，「クォークが自然界に少なくとも三世代あると予言する対称性の破れの発見」に対して，益川敏英博士（京都大学名誉教授・京都産業大学益川塾塾頭）と小林誠博士（高エ

ネルギー加速器研究機構特別栄誉教授）の三名に授与されました。「対称性の破れ」という言葉は，三名の先生方が成し遂げられた業績に共通するキーワードです。冒頭に挙げた南部博士の「対称性の自発的破れ」という考え方は，媒質中の巨視的物理においては以前から知られていたのですが，原子分子の世界よりもずっと微細（英語ではサブアトミックという）な素粒子物理学のレベルで起こっていることは大きな発見でした。幸運なことに，「対称性の自発的破れ」は物理の言葉を用いない身近な例え話として，比較的忠実に説明することができます。まずこの現象を，例を二つ挙げることにより見ていきましょう。どちらもみなさんにとって，大学ホームページや新聞で見たことがあるものかもしれません。

　第一の例は，円状の食卓での会食に関する対称性の考察です。図1は着席前の状態で，円卓に椅子が八脚用意され，それぞれに対して，左右対称にナプキンが並べられています。そこに，食事をしようと八人の紳士がやってきます。各人が一つの椅子に他人を干渉しないように着席するとして，問題となるのは，最初に着席する人が右のナプキンを取るか左のナプキンを取るかということです。彼が右のナプキンと決めたら，残りの人達全員が右を取らないと，どこかでナプキンが取れない人が出てしまい困ってしまいます。彼が，右のナプキンか左のナプキンかを選んで取り上げた時点で，二つのナプキンの入れ替えに関する対称性は成立しなくなります。この例は，ある国際会議でアブドゥッサラーム（Abdus Salam, 1926-1996）が言ったと伝承されています。

　第二の例は，回転に関して対称ではあるが，不安定な平衡点に

第Ⅰ章　対称性の自発的破れと素粒子物理　　5

円卓での会食によるたとえ話

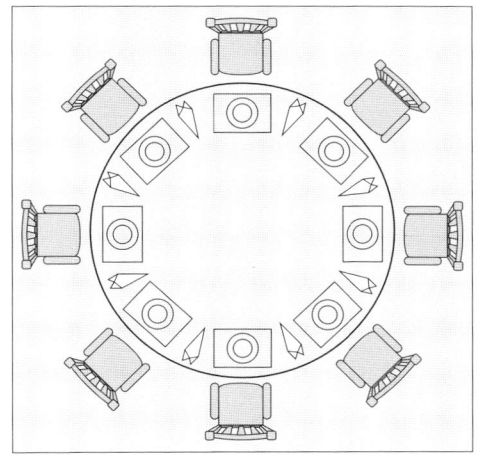

最初の一人がどちらかのナプキンを取り上げた時点で，
　　　　　　左右対称性は成り立たなくなる。

定義：もともとの配置は対称なのに，結果は対称でないこと。

図1 ● 対称性の自発的破れとは

置かれた粒子に関する考察です。ワインの瓶の底は、半球状に盛り上がっていますが、この下の方を切り取って逆さまにし、頂上にビー玉を置きます。頂上は不安定ですが、頂上を含む鉛直平面で切った切り口の形状は、切り口が定める方向には依存しません。この様な設定は、しばしばメキシコ帽子型のポテンシャルとも呼ばれています。ビー玉はメキシコ帽子の回転に対して不変な状態にありますが、いずれどちらかの方向に転がり落ちます。特別な方向はどこにもないので、いずれかの方向が「自発的」に選ばれてビー玉は転げ落ちます。落ちた時点で、ビー玉の配位に関する回転対称性は破れてしまいます。

このように、もともとの配置が保持していた対称性を、結果が尊重しなくなることを、「対称性の自発的破れ」と呼びます。一番目の例ではナプキンの取替に関する対称性を、二番目の例ではメキシコ帽の回転に対する対称性を、最終状態は破っています。こうしたことが原子・分子よりさらに小さい世界で起きていることを説明するために、素粒子とは何かをまず説明しなくてはなりません。

3 | 物質の階層性と素粒子

「素粒子」という言葉を文字通りとると、「これ以上分割不可能な粒子」となります。物質の最小単位の追究というテーマは、ギリシア自然哲学以来のテーマです。大げさな言い方をすれば、この還元主義を受け継ぐ微視的物理学の現在のフロンティアが、素

粒子物理学です。我々の肉眼では見えない世界を取り扱う学問で，理論的にもあるいは実験的にもほとんど空っぽで何もない世界——これを真空と呼ぶ——を考え，実現させます。この環境で，素粒子達の生成・消滅及び相互作用を探索し，その属性を確定させる事で進化してきた学問です。図2に，ここ百年あまりの物理学の進歩を一つの絵にまとめてみました。高校の教科書にもありそうな絵で，慣れ親しんでいる方も多いかと思いますが，復習しておきましょう。

　まず万物を作る原子（アトム）があります。原子の中心には原子核があり，その周りをいくつかの電子が回っています。その後，原子核は複数個の陽子と中性子からなる複合体であることが判明しました。では陽子と中性子が，なぜばらばらにならずに束縛されているのか。このことを解明されたのが，日本人として初めてノーベル賞（物理学賞，1949年）を受賞された故湯川秀樹博士（京都大学名誉教授）です。陽子や中性子を束縛している力は，π中間子という力を媒介する粒子の存在とその交換によって理解されたのです（このことについては，後に詳しく説明します）。今日では，陽子も中性子も素粒子ではなくて，「クォーク」という素粒子三つから成る複合粒子であることが判明しています。

　現代の素粒子物理学では，素粒子は3族に分類されます。クォーク以外に，電子とその親戚筋からなるレプトンと呼ばれる素粒子の族があり，湯川博士が導入した力を媒介する粒子という考え方を実践するゲージ粒子と呼ばれる素粒子の族（光の素粒子フォトンもその一つ）と合わせて三つの素粒子の族から，ミクロの世界が成り立っていることが判明しています（しかしながら，

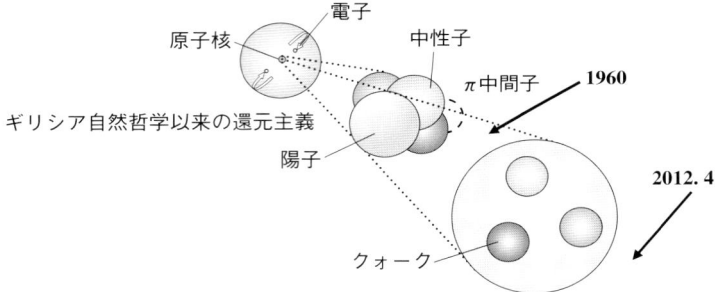

図2 ●物質の階層性

2012年発見されたヒッグス粒子らしき素粒子は，この範疇には入らない素粒子です）。このことは，第III章（川合）でも，詳しく触れられます。

4 人間が自然界を理解してきたやり方

前節で，ミクロ物理学の主人公たる素粒子たちが出揃いました。ここで少し戻って，物理学という学問全般を外観してみましょう。そして，本章の残りを進める上で大切な事柄について触れておきます。

素粒子物理学は，目に見えない世界を取り扱うミクロの（微視的な）物理学の典型です。理論・実験合わせて6人の日本人ノーベル物理学賞受賞者を生んでいます。もっとも，物理学者の興味はミクロの世界にとどまるわけではなく，肉眼で見える巨視的な（マクロの）世界へももちろん拡がっています。また，すでに解明されている微視的な世界から出発して，巨視的にどういう現象が発現するかも大きな興味の対象です。このようなマクロの物理学を，媒質中の物理学あるいは凝縮系の物理学と呼びます。不思議なことですが，対象を異にするミクロとマクロの物理には，時折，共通の理論的手法が成功を収め，共通の自然法則が確立することがあります。現代の物理学者の多くは，このことは，後に述べる「場」という考え方，「場の量子論」という学問が，様々な長さのスケールの諸現象に適用可能であることに根ざしていると考えています。逆に言うと，本章の目的である目に見えない世界

の現象に対しても，まず凝縮系の物理現象から説明を加え，ミクロとマクロの間に存在しうる類比性を拠り所にすることが可能です。これそのものは発見的議論であり，最終的にはミクロの物理そのものの中での数学的基礎づけを必要としますが，素粒子物理学者の思考への端緒を与えてくれます。本章では，対称性の自発的破れの場合に成功を収めたこの類比性を積極的に用い，以下の説明を行うことにします。

　ここで若干人為的になりますが，眼に見える世界を，「素材」と「環境」に分けてみることにします。物理の専門用語では，この素材にあたるものを「質点」と呼び，質点の運動を取り扱う学問を力学と呼びます。質点に対する基本方程式は，ニュートンの運動方程式と呼ばれます。

　それに対して環境にあたる部分，つまり質点をとりまくものを「場」と呼びます。読者の中には，電場や磁場という言葉に中学・高校時代より慣れ親しんでいる方もいらっしゃると思います。電場・磁場を取り扱う学問を，電磁気学と呼びます。電場・磁場は，マクスウェル方程式と呼ばれる四本の場の方程式に従います。「場」の他の例としては，水の波等の変位を記述する波動場があります。まとめると，素材の従う法則が質点に対する方程式，環境の従う法則が場の方程式です。さらに，素材と環境の双方に関わる第三のものとして「力」という概念が必要です。

　図3に，素材（とのその法則としての力学），環境（と電磁気学，その他の波動現象），力の関係を，模式的に描いてみました。素材の従う法則を考える時には，力をインプットとして与えて考えます。一方，環境の従う法則を考える時には，素材をインプットと

素材 v.s. 環境

i) 素材（粒子）の従う法則：力学
ii) 環境（電場等）の従う法則：電磁気学，波動
iii) 力の定義

三位一体

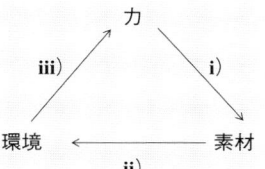

お互いがお互いを
規定している

図3 ●眼に見える世界の記述（古典物理）

して与えます。素材が場を作り出す源となります。最後に，力は環境が与えられた時に定義されるものです。つまりこの模式図は，この三つが三すくみの関係に有り，お互いがお互いを規定することによって，三位一体となり自然が成り立っていることを表しています。ミクロの世界に対する量子論が明らかにされるまでは，このような形で世界は決定されるものと信じられてきました。

二十世紀初頭のプランクの光量子の発見にいたる一連の経緯により，肉眼に見えないミクロの世界では，上のような描像（古典論）は成り立たないことが判明してきました。この経緯について詳しく述べるのは，本章の目的ではありません。古典論から量子論への移行に関しては，「決定論的物質観からの決別」という哲学的観点も関係しており，二十世紀後半にいたるまで多くの書物が著されたと理解しています。

このように述べると，量子論は深淵で難解であるという印象を与えてしまいます。しかし，現代に生きる素粒子物理学者にとっての量子論とは，実は「量子化された場」と呼ばれる，観測とは一歩離れたところにある単一の数学的構成物を取り扱う学問です。こういう意味で割切ってしまい慣れ親しんでしまえば，実は眼に見えない世界のほうが眼に見える世界よりもずっと簡単です。なぜなら，素材と環境という区別がなくなってしまいますから。このことをキャッチフレーズ的に表現すると，「粒子＝波動」となり，この表現は量子論を一言で述べるのにしばしば用いられます。あたかも一人の人物が二つの異なる顔を見せるように，実際の現象が発現される際には，何を測定するかによって，「粒子

＝波動」なる「あるもの（量子化された場）」が、あるときには波動性を示したり、あるときには粒子性を示したりするのです。「あるもの」は二つの顔を持っている二重人格者ですが、登場人物は一人になりました。例えば、場の法則すなわち環境の法則の場合ですと、古典物理においてすでに波動現象は姿を表しています。量子論に移行する際、（電磁）場をミクロの世界でのエネルギーのかたまりを創りだす装置とみなし、粒子像も実現させてしまうのです。素粒子はエネルギーの塊であり、それ以上は問わない。ですから、我々が日常見ている米粒を顕微鏡でどんどん探っていけば、その究極の姿として素粒子が目に見えてくるわけでは決してないのです。

5 「力」の理解

このように、ミクロの世界では、粒子と波動は単一の装置から発現する二つの顔として理解されます。しかし、「力」をミクロの世界でどう捉えるかということが残ります。この問いに、湯川秀樹博士が最初に答えを出しました。それは「力が存在すれば、これは量子論的粒子を交換することにより導き出せる」というものです。より直観的に言えば、「力というのは粒子のキャッチボールである」となります。絵で描くと、図4のような感じです。湯川博士は、1935年、当時問題になっていた核力の問題、つまり陽子と中性子（合わせて核子と呼ぶ）がどのようにして束縛された状態として原子核を作っているのかという問題にこの考

> 「力が存在すれば，これは量子論的粒子を交換することにより導き出せる。」

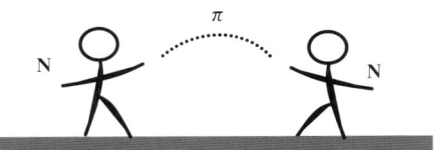

$m_\pi \ll M_N$ は説明できず。

図4 ● 湯川秀樹博士が考えたこと

え方を適用して，成功を収めました。陽子と中性子間の引力は，「π中間子」と呼ばれる当時未発見の素粒子を交換することによって生じ，そのため原子核が解離せずに存在するという解決策です。後年，宇宙線観測により，確かにこの素粒子の存在は確認されました。

湯川博士の考え方は大きな成功を収めましたが，一つの宿題を残しました。それは今日「質量の階層性」と呼ばれている素粒子物理学に於ける一般的問題の，おそらくは最初の例とみなせるでしょう。湯川博士の理論に於いては，π中間子は力を担う量子論的な粒子であり，図4にNで示した核子は，古典的世界に由来するエネルギーの源です。つまり図中のπとNは平等には取り扱われていません。当時実験的に知られていた核力の到達距離より，湯川博士はπ中間子の質量を予言され，これは核子に比べてずっと小さなものでした。湯川博士の理論では，こういう小さな質量がなぜ生じるのかという理由を見出すことはできません。「力」の起源を与えた湯川理論は，「質量の階層性」という問題に関しては無力なのです。この問題に答えるためには，粒子の無い状態に戻って，更に深い理解を得なければならないということが，後年判ってきました。そして，その解決への端緒となる考え方が，「対称性の破れ」と呼ばれる考え方です。南部博士が開拓された「素粒子物理学に於ける対称性の自発的破れ」は，その中でも今日に至るまで中核的なものになっています。

6 「対称性の自発的破れ」と現代の素粒子物理学

「対称性の自発的破れ」と言う言葉で何を意味するかは、冒頭に例え話を用いて紹介しました。この考え方は、マクロの世界（媒質中）では以前から知られていた現象でした。最も典型的な例の一つとして、強磁性体があります（図5）。この図に於ける一つひとつの矢印を小さな磁石とすると、強磁性体とは、非常に多くの小さな磁石から成る巨大な磁石のことです。矢印の向きがバラバラだと、全エネルギーが大きくなってしまい、より低いエネルギー状態に向かって運動します。つまり、この様な状態は不安定です。一番安定なのは、矢印が全て同じ方向を向いている状態で、これが最低エネルギー状態です。ですから強磁性体を置くと、矢印は全部ある方向に揃います。矢印がある特定の方向に整列し、その方向が自発的に選ばれ、回転対称性は自発的に破れます。矢印の数は可算無限個であることに注意して下さい。

しかし、ある特定の方向というのは決して一つに決まるわけではありません。一つの矢印が北から30°のところに向くと、一番低いエネルギー状態を目指して残りの矢印は全部30°に動き始める。もし、最初の矢印が35°に向くと、残りの矢印も全部35°を向かなければいけない。ですからどんな角度でもいいわけで、こういう可能性は世の中には連続無限個あります。

この様な最低エネルギー状態（最も安定な状態）を、物理学では基底状態と呼びます。以下に、すべての矢印の向きが揃った状態のことを「村」と呼んで、説明を加えていくことにします。さ

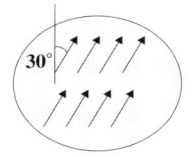 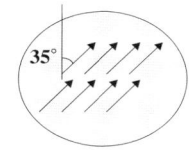 ……
どれも優劣つけがたい

基底状態(村)その 1　　基底状態(村)その 2……

↗の(小さな)動き ↗ ➡ ↗ を ゆらぎ という。
↗が 無限個の数 なので，村と村は限りなく高い壁でへだたっている。
村の数も(連続)無限個。我々はどれかを選んで棲まねばならない。

図 5 ● 強磁性体（媒質中における対称性の自発的破れの例）

らに正確に、矢印の向きがK°の「村」を、「村K」と実数Kでラベルすることにします。これにより、どれも優劣つけ難い村が連続無限個あることが明白になりました（図5）。村30と村35とはエネルギー的には同等なのですが、矢印の方向が違うので、村30から村35に遷移させようとすると、すべての矢印を30°から35°に向けなければいけません。各々の矢印の変位（ゆらぎ）に必要なエネルギーは有限ですが、矢印の数は可算無限個なので、二つの村間の遷移に必要なエネルギーは無限大です。以上より、連続無限個の優劣つけがたい村が連なっており、各々の村は、（アルプスのような高い山で想像される）無限に高いエネルギーの壁により隔絶されている状況が判明しました。その中で我々はどれかを選んで棲まなければならない。どれかを選んだ時点で、回転対称性は破れてしまいます。

　以上が基底状態の考察です。次にこれより少しだけエネルギーの高い状態を考えて見ましょう。典型的な状態として、村30の中に角度35°の矢印が一個だけ孤立してある状態を考えましょう（図6）。この種の状態を第一励起状態と呼びます。異なる村からもたらされた一個の矢印により、村30の矢印達もゆらぎを起し、第一励起状態は波だった状態となります。角度の差が5°である必要は全くなく、どんどん小さくすることができます。30.01°でも30.001°でも良く、角度差を0に近づけるにつれ、矢印一個を村30の方向に向けるのに必要なエネルギーも0に近づきます。こうして、限りなく静かな波を立たせることができます。

　上に述べたことは、凝縮系つまりマクロな世界で起きている「対称性の自発的破れ」の一例です。南部陽一郎博士は、この現

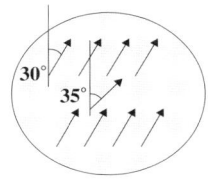　村30の中に村35の矢印一つ

(＊)角度差 5°→0° につれて送り込む エネルギー→0 にできる。限りなく静かな波を立たせることができる。

図6 ● 第1励起状態

象が，実は素粒子の世界でも起きうるという事を発見されました。素粒子物理学の基底状態を，真空と呼びます。素粒子の世界は目に見えない量子の世界ですから，真空が対称性を自発的に破った状態であるか，直接肉眼で判定するのは不可能です。しかしこの場合でも，マクロの物理との対応関係・翻訳作業を仮定し，抽象的な素粒子物理学の世界で起きうる可能性・その帰結を追究する事ができるはずで，南部博士はこれを数学的に無矛盾な形で提示されました。

読み替え作業とは，具体的には

　　基底状態での矢印の向き　＝＝＞　「場の真空値」
　　限りなく静かにできる波　＝＝＞　「質量のない粒子」

で与えられます。

　南部博士がヨナ-ラシニオ（G. Jona-Lasinio）氏と 1961 年に著された論文（以下 NJL 論文と呼ぶ）に於いて確立された主張は，

　　定理：真空が自発的に破れると，質量のない粒子（南部・
　　　　　ゴールドストーン粒子, 以下 NG 粒子と略記）が出現する。

という定理にまとめることができます。

7 | 南部理論から素粒子の電磁・弱標準理論へ

　マクロな凝縮系に於いて対称性の自発的破れを起こす例は，強磁性体だけではありません。南部博士は，三人の物理学者バー

ディーン (J. Bardeen), クーパー (L. N. Cooper), シュリーファー (J. R. Schrieffer) により1957年に提案された超伝導体に対する新理論に興味を持ち，彼らの理論の基底状態が，粒子数の保存則を破っている事に注目しました。数学的には，粒子数の保存は複素数の偏角の回転を表すU(1)変換に対する対称性とみなされます。つまり超伝導体は，U(1)対称性を自発的に破っているのです。南部博士とヨナ-ラシニオ博士は，超伝導体の問題と素粒子物理学の強い相互作用におけるカイラル対称性（フェルミ場の左巻きスピン成分と右巻きスピン成分に対し，逆向きの回転を引き起こす変換の下での対称性）の問題との類比性に着目しました。そして後者の文脈の中で，前節に挙げたNJL論文を著され，定理を確立されました。定理の帰結として出現する質量のない粒子を，理想化されたπ中間子と同定されました。このことについては，次節（「真空」の歴史）でもう一度取り上げることにします。

超伝導体中で起きるこの静かな波の集団励起は，電磁場の縦波成分（クーロン場）に吸収され，質量（ギャップ）を持つ励起として波の長距離伝播に対する遮蔽効果を与えます。この事はNJL論文にも言及されており，ゲージ不変性とプラズモンの質量獲得を論じたアンダーソン (C. D. Anderson) の仕事につながっていきます。実は，現在の素粒子の電磁・弱標準理論にいたるその後の発展は，この文脈に於いてなされて来ました。第3節で素粒子は三つの族からなると言いましたが，そのうち力の伝播を司る族であるゲージ粒子達は，電磁場の引き起こす波動つまり電磁波の自然な拡張になっています。そして電磁場の遮蔽効果は，ゲージ粒子が質量を獲得する機構と同定でき，今日の素粒子物理学におい

てヒッグス機構と呼ばれています。このあたりの発見にはヒッグス（P. Higgs）をはじめ，エングレア（F. Englert），ブラウト（R. Brout）及びグラルニック（G. Guralnik），ヘーゲン（C. Hagen），キッブル（T. Kibble）という人たちが，ほぼ同時に貢献しました。

この辺の事情を表にまとめてみたのが，表1です。最近確認された質量125〜126 GeVの素粒子は，ヒッグス場の存在を表す素粒子であると考えられています。ヒッグス場とは，もともと導入された二個の複素数スカラー場のうち，ゲージ場の縦波成分として吸収されない残り1個の実数場のことです。

8 「真空」の歴史

本章では真空という言葉を「場の量子論」あるいは「素粒子物理学の基底状態」と定義しました。しかし，ご存知の様に，日常用語としての真空のもともとの定義は，空っぽの状態という意味です。本節では物理の歴史をひもとき，この言葉と物理学の変遷を概観します。

エーテルを求めて

中学や高校で学んだように，水の波や音波で代表される波動は，それぞれ水，空気なる媒質の中を進みます。長い間，科学者は，媒質がある場合にのみ波は立つものだと考えていました。電気や磁気の存在は，大昔から知られていました。スコットランド

		質量(媒質的な真空に於て)
力を媒介する粒子	光子:γ	無
	弱ボソン:$W^{\pm}$, Z	合わせて有になる。(ヒッグス機構)
NJL模型の登場人物	**NGボソン**(黒子)	
	ヒッグス:H	有
物質	クォーク,レプトン:Q, L	有(ヒッグスの真空値による)

表1 ●素粒子の電磁・弱 標準理論(1978~)においても,対称性の自発的破れは必須

生まれの物理学者マクスウェル（James Clerk Maxwell）は，1864年，両者はお互いに協力し合い，空間を伝播する電磁波を生むことを予言しました。そしてこれが光の正体であると結論したのです。しかしながらこの場合にも，人々は電磁波を伝える媒質がなければならないと信じていました。これは，当時世界を支配していたニュートン力学に基づく世界観，「絶対静止系の存在」という大前提と密接に関わっています。マクスウェルが予言した電磁波は，後年ヘルツ（H. Herz）によって実験的に発見されました。

　十九世紀を越えて二十世紀前半に至るまで，科学者はこの世界に充満している媒質——エーテルと呼ばれています——が引き起こす風を測定しようと，血眼になって努力を続けました。しかし今日にいたるまで，エーテルの風に関する肯定的結果は得られていません。1887年，マイケルソン（Albert Michelson）とモーレイ（Edward Morley）は，1881年にマイケルソンが単独で行った試作品に基づく実験を改良し，光の見かけ上の速さが光の向きに依存することを確かめる実験を，ケース・ウェスタン・リザーブ大学で行いました。彼らが考案した装置は，今日干渉計と呼ばれています。入射光を分光し，いくつもの反射鏡を用いて長い移動距離を稼いだ後，再び重ね合わせることで生じる干渉縞を検出する装置です。世界に充満しているエーテルに対する地球の相対運動を，干渉縞のずれを測定することにより検出しようとしたのです。彼らは，このずれに関して否定的な実験結果を得ました。これは電磁波を伝える媒質の存在を否定するものであり，人々は長い年月をかけてこの事実を受け入れるようになりました。

　この実験は，物理の歴史，その後の物理学の発展に，決定的な

役割を果たしました。マイケルソンは、この業績により 1907 年にノーベル賞を受賞しました。今日、高校の教科書では、我々は「光は真空中を伝播する」と言って済ませてしまいます。何故真空中を伝播するのかと問われても、方程式の解が波の伝播を表しているとしか答えようがないのです。

真空偏極

　量子論の正しさが確定し、20 世紀半ばに入ると、真空をめぐっての理解が進みました。その一つが「真空偏極」と呼ばれる、言葉からはなかなか推測しにくい現象です。それゆえ、ここでは媒質中の似通った現象をまず説明しましょう。塩や砂糖が水に溶けるという現象があります。＋と－の電荷があるとその間にクーロン力と呼ばれる力が働きますが、この＋と－の電荷の強さが、媒質である水の極性と呼ばれる性質により、雲のように覆い隠され遮蔽され、実効的に小さくなります。イオン結合が水中では弱くなってしまい、塩や砂糖は溶けてしまうわけです。

　この様な電荷を遮蔽する効果は、真空中でも生じていることが、今日では判明しており、これを真空偏極と呼び、以下に述べる意味で理論と実験の合致を見ています。マクロな媒質中の偏極現象は真空偏極の理解に役立ちますが、両者は幾分違っています。第一に、水の中でイオン結合が弱くなるという現象は定常的な現象である（3～4 秒で溶けてしまい、その後は溶けた状態が持続する）のに対し、真空偏極は、荷電粒子同士の衝突において両者が非常に近距離に近づいた際に確認できるということです。次

に，電子・陽電子と光を記述する（繰り込まれた）場の量子論に従うと，我々が長距離で試験電荷間に働くクーロン力を測定することにより得られる電荷の大きさそのものを，遮蔽された電荷量であると見なさねばなりません。つまり「電子・陽電子・光に対する真空そのものが，遮蔽効果を与えている真空」なのです。これが第二の違いです。

遮蔽された電荷とは，真空中で絶えず生成消滅を繰り返している電子・陽電子対による遮蔽効果を考慮に入れた電荷量という意味で，別名「繰り込まれた電荷」とも呼ばれます。1秒よりも16桁も小さい時間のスケールに相当する近距離で電子・電子あるいは電子・陽電子衝突が起きますと，この電荷の遮蔽効果が一部剥ぎ取られ，近距離での実効的電荷量は長距離極限より大きくなります。これを「裸の電荷が見え始めた」と言うこともできるでしょう。この現象が，図7に示すように，実際検証されています。縦軸に頻度，横軸に電子・陽電子が散乱される角度をとり，実験結果をプロットしてみます。真空偏極の効果を入れないで計算した結果が図中の点線で，実験データとは若干ずれています。それに対して，真空偏極という効果を完全に考慮し計算した結果は，見事に実験データの上に乗っています。

再び対称性の自発的破れ

二十世紀後半の真空の描像は，本稿の主題である「対称性の自発的破れ」により支えられています。5節で述べた様に，湯川博士の力の理論では，核子Nは単に古典的なエネルギーの源であ

塩, 砂糖を水に入れるとイオン結合が弱くなり, 溶ける。
真空中に置かれている電荷には, e^+e^-対生成による遮蔽がすでに起きている。

電子・(陽)電子散乱

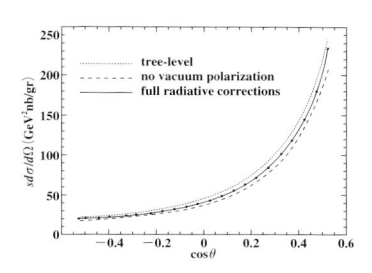

図7 ● 真空偏極と電子・(陽)電子散乱

り，量子論的な力を媒介するπ中間子の質量＜＜核子Nの質量を導く手だてはありません。一方「素粒子物理学に於ける対称性の自発的破れ」を実現する最初の舞台となった，強い相互作用をするハドロンの世界に対するNJL模型では，πもNも真空からの量子論的ゆらぎ・励起として現れ，その質量は媒質的な真空での動きにくさ・慣性の大きさを表していると見なされます。6節の終わりに挙げた定理により出現する質量ゼロの粒子は，理想化されたπと見なされます。πの小さな質量は，電磁弱相互作用も含めた三つの力の理論におけるクォークの質量に起源を持っています。

宇宙の質量密度と宇宙項

二十世紀から二十一世紀の今日に至るまで過去三十年以上に渡り，マクロ宇宙の解明と，ミクロな素粒子物理学の基本法則の理解は，しばしばお互いに影響を及ぼし合いながら進歩して来ました。そしてこの認識は，近年ますます強まってきています。ここでは，その中でミクロの真空の問題と関係しうる部分だけを取り上げます。

空間的に平坦な宇宙の場合に定義される宇宙の臨界密度の現在の値は，1 cm^3 当たり 1 g より 29 桁も小さく，1 m^3 あたり約数個の水素原子に相当します。これは非常に小さな値ですが，ゼロではありません。さらに，現在の宇宙の加速膨張その他を支持する観測データは，平坦で，宇宙定数と呼ばれる物質以外の起源による質量密度への寄与が約70％である模型と，最も良く合致しま

す。

　宇宙定数へのミクロな起源を与える有力な候補は，真空の量子論的エネルギーです。このエネルギースケールを重力相互作用の量子効果が顕著になるスケールだと考え，次元解析を用いて評価してみます。プランク定数，光速度，ニュートン定数を用いて得られる質量のスケールは，1gより5桁程小さなものです。一方長さのスケールは，1cmより33桁も小さくなってしまいます。このため質量密度は，1cm^{3}あたり1gより94桁も大きく，マクロの観測との食い違いは何と123−124桁に及んでしまいます。我々の時空が3＋1＝4次元であることを考慮しても，1次元あたり31桁の食い違いとなります。これは本当に決まりの悪い食い違いであり，現代の物理学が抱えている大きな謎の一つです。

9 超対称性の自発的破れ

　過去三十年間の素粒子物理学の理論的発展を語る上で決して無視できない考え方として，ボース粒子とフェルミ粒子の入れ替えを引き起こす変換に対する対称性である超対称性が挙げられます。特に重力を含む四つの相互作用を統一する超弦理論に於いては，無矛盾な理論の構成のための不可欠要素とされています。この対称性は，ボース粒子とフェルミ粒子がペアで現れることを要請します。

　一方，これは時空の並進対称性と不可分な対称性で，残念ながらこの事実より，物質として自然界に存在する電子等のフェルミ

粒子と，力を媒介する光子等のボース粒子とを取り替える対称性としては働き得ないことが，証明できます。

このように，超対称性は"思考の経済学"という立場からは随分と効率の悪い対称性です。たくさんのパートナーの存在を予言してしまうのです。それにもかからず，今日にいたるまで極めて多くの理論家の研究対象となっています。これにはいくつかの理由がありますが，専門的になってしまいますし，紙面の都合もあり，丁寧な説明は試みず，箇条書きにして終えておきます。

(1) 超対称性は，場の量子論に於ける無限個のゼロ点振動に基づく真空のエネルギーを相殺する。このおかげで，真空のエネルギーの定量的かつ理論的考察が可能になる。但し，これと前節で触れた宇宙の質量密度の問題とが直接繋がっているのかは，あまり自明ではない。

(2) 超対称性は，素粒子間に働く力の有効相互作用を，相殺により微弱にする傾向を持ち，このことは2013年現在の素粒子物理の描像と合致している。また超対称性は，有効相互作用を厳密にコントロールする数学的ツールを与えてくれる。

(3) 三つの力の強さの統一という立場からも，都合が良いとされてきた。但し，最近のLHC実験に於ける超対称パートナー探索に関する否定的結果を踏まえて，この議論が未だに妥当かは検証を要する。

いずれにせよ，現存する素粒子たちの超対称パートナーは，未だに観測されていません。大きい質量差を出すためには，超対称性は大きく破れている必要があります。本章の筆者と丸信人氏

は，この大きな超対称性の破れをもたらす機構として，6節，7節で述べたBCS-NJL機構が有効に働いており，超対称性の力学的自発的破れが実現していると考えています。

10 | 終わりに

　物理学に限らず，具体化された形での謎の存在は，学問の進歩にとって大きな助けになります。今日の素粒子物理学とその周辺分野は，20〜30年前とは異なり，解決されるべきいくつかの謎を抱えています。これは幸運なことと言わねばなりません。前節で挙げた宇宙定数（あるいはもっと一般にダークエネルギー）の問題はその一つですが，もう一つの謎として，平坦宇宙の質量密度の20数パーセントを占めているダークマターの正体が挙げられます。ダークマターとは重力相互作用のみに関与し，電磁波等の手段では検出できない物質のことで，この存在は確定的です。ミクロの物理学を起源としているのならば，これは質量以外何の属性も持たない素粒子の存在，標準模型には含まれていない素粒子の存在を意味します。宇宙と関係したこの二つ以外にも，二十一世紀の素粒子物理学にはいくつかの謎があり，これらを本稿の締めくくりとして表にまとめました。

　物理学の発展は，必ずそれまでに築き上げられたものを極限として含む包括的な発展です。これらの謎の解明に対しても，本章で紹介した素粒子物理学の方法論，すなわち場の量子論の媒質的な真空という考え方は無縁ではありません。むしろこれに基づく

ダークエネルギーの問題
ダークマターの正体
ニュートリノの質量と大きな混合角の存在
三世代の起源

表2 ●今日の素粒子物理の謎

実験・理論両面からのさらなる理解が有効・不可欠であるという点を強調して，本章を終えたいと思います。

第Ⅱ章 | *Chapter II*

宇宙の始まる前

横山順一

1 | 「宇宙」という言葉

　「宇宙」と一言で言っても，人によって受け止め方がかなり違うようです。第Ⅰ章にも宇宙という言葉が何回も出てきましたが，量子力学の専門家が思っている宇宙と，私たち宇宙物理学者が思っている宇宙とは少し違います。そこで言葉の起源の話をしたいと思います。

　「宇宙」という言葉が始めて出てきたのは中国の「淮南子（えなんじ）」という今で言えば百科事典のような書物だと思われます。そこには，宇宙の「宇」というのは「四方上下」という空間の広がりのことを表している，と書いてあります。「宙」の方は往古来今，つまり昔と今とこれから未来と，そういう時間の流れのことを表しています。その中で繰り広げられている森羅万象すべてが宇宙だというのです。だから昔の中国人は非常に偉かった。我々は，ともすると宇宙というのは空間の広がりだけをイメージしがちですが，アインシュタインが出るよりも二千年以上も前に，そうではなくて時間と空間両方を含んでいるのだという

ことを表していたわけです。

2 ものさしを変えて見る──日常の物理と宇宙の物理

　図1は私たちが住んでいる地球の姿です。高さ3万6000 kmから映すとこのように見えます。この3万6000 kmというのは，気象衛星「ひまわり」の飛んでいる軌道高度です。この高さに衛星を打ち上げることができたら，ちょうど地球の自転と同じ速さでぐるぐる回るので，いつでも日本の上を「ひまわり」が飛んでいるように見えるわけです。図の右下の方に，何かハエのようなものが止まっていますが，少し拡大して見ると，スペースシャトルだとわかります。スペースシャトルに乗って宇宙に行ってきた方が何人もいます。日本人でも，もう9人ぐらい宇宙飛行士になった方いますが，スペースシャトルに乗って飛んできた高さというのは，実は地上わずか300 km，東京と大阪の距離よりも短い高さまでしか行ってないのです。このように，普通に私たちがイメージする宇宙は，タッタ300 kmであっても地球とは違ったものになってきます。

　もっと広い範囲に目を向けましょう（図2）。ここに並んだ太陽系の惑星を，私たちは水金地火木土天海冥と習いましたが，2008年に冥王星というのが惑星の地位をはく奪されてしまい，この図から消さないといけないことになりました。

　「宇宙の物理」といっても，太陽系あたりまでは，いわゆる「宇宙物理学」とは少し違っていて，地球科学や惑星科学の方々

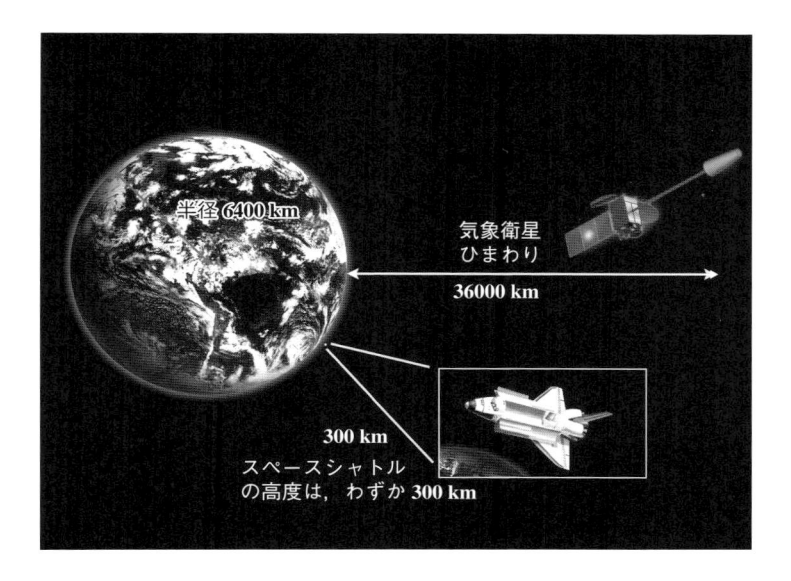

図1 ● 高さ3万6000 kmから写した地球（イラスト：西出滋）

図2●太陽系のいろんないろんな惑星（イラスト：西出滋）

がこういう分野を研究しています。本章のテーマとなる「宇宙」を語るには、この太陽系からどんどん遠くに目を向けていかなければなりません。夜空を眺めると、きれいな星がたくさん瞬いていますね。図3の中程にちょうど雲のようにたくさんの星が見えています。これを「天の川」と呼んでいますが、この天の川は太陽と同じように自分で核融合反応を起こして光を出している恒星の集まりです。太陽と同じような恒星が数十億個集まってできた星の集合を「銀河」という名前で呼んでいます。宇宙空間には多数の銀河があります。その中の一つである天の川銀河に私たちは住んでいるわけです。夜空を眺めると天の川が見えますが、それは銀河の中心方向にたくさん星があるからです。我々の太陽系というのは天の川の中でもかなり端の方にあるので、中心をみるか、反対をみるかで星の見え方が違ってくるのです。もし、私たちが住んでいる天の川銀河を外から見ることができたら、図4のように見えるだろうと想像されています。これは天の川銀河の隣の隣にあるアンドロメダ銀河とよばれる銀河です。私たちの銀河より2倍ぐらい大きなもので、銀河系から230万光年という非常に遠いところにあります。

　住宅地図では一軒一軒の家の大きさやどんな形をしているかということまでわかりますが、縮尺をだんだんあげていくと、一軒一軒のお宅は見えなくなり、大阪市がどういった形をしているか、淀川がどこから流れているかということがわかるようになります。さらに縮尺をあげていきますと、どこにどんな街があるかというのはわからなくなるかわりに、日本列島が世界のどこにあるかがわかってきます。このように物差しを変ると、見えてくる

星座の星は
全部恒星

天の川
あまのがわ
⇕
多数の星の集まり
⇕
銀河（ぎんが）

図3●もっと遠くに目を向けよう（イラスト：西出滋）

図4●アンドロメダ銀河（写真提供：アフロ）

ものが違ってきます。宇宙空間もまさにそういうふうにできていて、スケールを変えるごとにいろいろなものが見えてきます。図5のように、物差しを変えて見ていきましょう。人間のスケールである1m、地球のスケールは1万km（10^7 m）くらい、太陽系の大きさは1000万mくらいで、地球より5桁ぐらい大きいものです。その8桁上が天の川銀河やアンドロメダ銀河の大きさ10^{20} mということになります。宇宙空間には、天の川銀河やアンドロメダ銀河と同じような銀河がたくさんあります。銀河がだいたい50個ぐらい集まって銀河団を作っています。銀河系の100倍ぐらいの大きさをしています。さらに銀河団を数十個集めてきますと、その上のスケールである超銀河団というものがあります。それの大きさも銀河団の100倍ぐらいで、10^{24} mという大きさになります。このように、入れ子式にいろいろな構造が見えてくるわけです。

　私たちが「宇宙」を全体として研究の対象にするときは、この銀河系よりも大きなスケールの宇宙を考えます。これらのスケールを、ずらっと0を並べて比べてみましょう。スペースシャトルの皆さんが行ってきたのは300 kmですから、メートルで言うと0が5個ぐらいのところです。お月様までの距離は38万kmですから、月ロケットで行ってきた、人類が今まで行って帰ることのできたスケールというのは、その3桁上までです。その先に太陽系の大きさ、そして銀河の大きさと広がり、そこから後は100倍ずつ、銀河団、超銀河団、というふうに進んでいきまして、あと二つ進んだところ、つまり0を26個（10^{26} m）行ったところに「宇宙の地平線」というものがあるということが知られています。

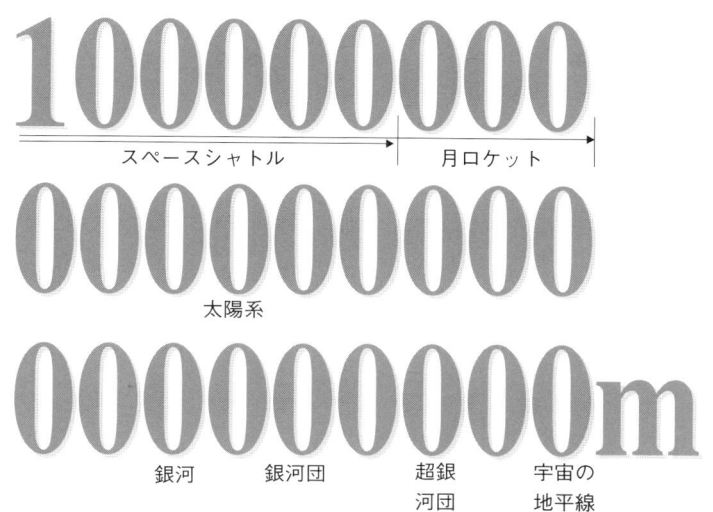

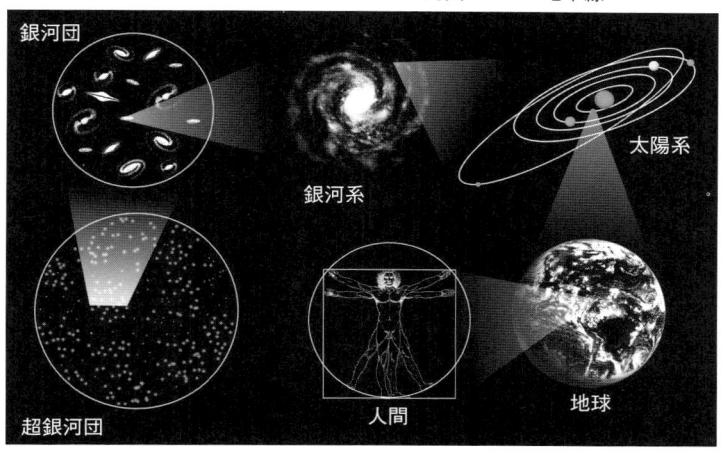

100000000
　スペースシャトル　　月ロケット

000000000
　太陽系

000000000m
　銀河　　銀河団　　超銀河団　　宇宙の地平線

図5●宇宙の階層構造（イラスト：西出滋）

見渡す限りの大平原に行くと，遠くに地平線が丸く見えます。そして，もしそこまで歩いて行くことができたら，その先に何があるかというのを見ることができます。だから，地平線があるからといって，そこで世界が終っているとは誰も思いません。その先にも見えない世界が必ずあるわけです。同じように宇宙の地平線の向こうにも宇宙が広がっているのだろうと考えられています。しかし，私たちは残念ながら，宇宙の地平線まで飛んで行くことできませんので，その先に何があるかを直接見ることはできません。これはちょうど生まれた町でずっといつも同じ山をみながら暮らしていて，そこから一生出ることなくその街で過ごしているような，そういう人と同じですね。これが，私たちは研究対象としている宇宙そのものをいつも同じ場所から眺めているわけです。

3 ニュートンが考えた宇宙

　ここから少し理論的なことを考えていきましょう。
　いろいろな構造があり，しかもとてつもなく大きな宇宙というものを支配している力は何か？　それは，アイザック・ニュートンが発見した万有引力の法則によって記述される重力というものです。銀河がどのように動いているのかとか，地球が太陽の周りをどうやって回っているのかというのも，ニュートンの万有引力の法則に従っているわけです。もし，回ることがなくなってしまったら，地球はあっという間に太陽に引き寄せられてしまいま

す。まさに重力という万有引力——あらゆる物体同士，エネルギー同士のあいだにはたらく力——が宇宙を支配しているわけです。

　そもそも，ニュートン以前に万有引力をある程度理論的に記述することに成功したのは，ガリレオ・ガリレイです。彼の見つけたことは，すべての物体はその種類によらず，質量に比例した引力を及ぼしあっているということです。彼は有名なピサの斜塔（図6上左）というところから重さの異なる二つの物体を落としたわけです。落として，どんな種類の塊も，鉄であろうが銅だろうが，同じ加速度で落ちていくということを発見したわけです。それによってこの万有引力というものが非常に一般的な力であってすべての物質に対して種類によらず同じように働いているということを発見したわけです。

　図6の写真は，実は私自身が撮ってきたものなのですが，塔の下の方にガリレオ・ガリレイについて何か——ラテン語で書いてあるのでよくわかりませんが，名前ぐらい読むことができます——書かれた石板がついています（図6上右）。図6上左の写真では，教会の隣に斜めになった塔が建っていて，いかにも斜めになっているということがわかります。これをもし横から見たらどうなるのだろうというのが私の長年の疑問でした。右側から見ると図6下右のようになります。反対側から見ると図6下左のようになります。どこから見ても傾いているということははっきりわかるぐらい，かなり傾いているということが確認できてとても嬉しかったというのを覚えています。科学をする，とはどういうことかというと，物事を一面からだけ見るのでは駄目であって，ぐ

すべての物体はその種類によらず，質量に比例した引力を及ぼしあう。
ガリレオはピサの斜塔から重さの異なる2種類の物体を落とし，同じ加速度で落ちることを確認した，といわれている。

万有引力＝重力

図6●ピサの斜塔はどこから見ても傾いている。

るっと回ってきて何があるかというこう見て、やっぱりピサの斜塔というのはどこから見ても傾いているのだなという、それを確認するというのが大事なのです。

　ガリレオの理論をさらに発展させたのがニュートンです。ガリレオが偉かったのは、地上へ二つのものを落として、同じ重力がはたらいているということを発見したことです。ニュートンがさらに偉かったのは、木からリンゴを落とす力と、月がいつまでたっても地球の周りをぐるぐる回っているときに働く力が、同じ力だと悟ったことです。現在、川合先生や糸山先生をはじめとして、素粒子物理学の世界で、いろいろな力を統一的に理解する試みを一生懸命研究していますが、まさにその統一理論の元祖ともいうべきなのがこのニュートンです。リンゴに働く力も、月に働く力も同じ力だということを見抜いたわけです。それによって太陽系の惑星の運動を理論的に説明することが可能になりました。

　ニュートンはさらに、宇宙とはどういうものであるかについても少しだけ触れています。『プリンキピア（自然哲学の数学的諸原理）』という非常に厚い本の最初に、時間と空間の定義について彼はさりげなく述べています。あまり厳密にそこにこだわらなかったところもニュートンの偉かったところかもしれません。ニュートンによれば、時間というものは過去から未来に向かって一様に流れていくものです。また、彼は空間というものは変化する存在であるとは決して思いませんでした。つまり彼の力学理論に従って運動する物体——リンゴもそうですし、月や地球もそうです——の単なる入れ物であると考えました。ですから宇宙にどんな物質があろうと、空間のあり方は決して変わりません。つま

り, 永劫不変な定常宇宙というのがニュートンの宇宙観です。これは私たちが日常生活をするうえで, あるいは夜空を眺めるうえで経験することと全く同じですね。だから非常に捉えやすいのです。

4 アインシュタインの相対性理論

ところが二十世紀になってアルベルト・アインシュタインの一般相対性理論が登場しました (1916年)。これは, ある意味では時間と空間の捉え方について革命を起こしました。一般相対性理論というのは重力の理論ですが, それによれば, 物質やエネルギーがあると——例えば重い星があったとしたら——その周りの空間が歪んでしまいます。決してその空間の状態は変わらないというニュートン的なものではなくて, 空間そのものの性質も状態も, 中身にどんな質量をもったどんな物質があるか, どんなエネルギーがあるかによって決まるのだということを明らかにしたわけです。その結果として有名なブラックホールというものが理論的に予言されました。例えばもし太陽の質量 (10^{33} g) をそのまま 3 km まで縮めるとブラックホールになります。地球の場合はもっと大変で, 直径 1 万 2000 km の地球を 9 mm にまで縮めないとブラックホールを作ることはできません。それだけ非常に高密度なものがブラックホールなのです。

アインシュタインはまた, 宇宙全体についても考えました。そこで非常に困ったことが起こりました。すでに述べたように, 一般相対性理論は, 中身の物質が空間のあり方を決めるという理論

です。アインシュタインもニュートンと同じように宇宙は決して変わらないのだと考えました。そこで，定常宇宙が成り立つ理論を作ろうとしました。しかし，宇宙にたくさんある銀河というのは重いものですから万有引力を及ぼし合っているので，ほうっておいたら引き寄せ合うわけです。しかも，銀河同士が引き寄せ合うだけではなく，アインシュタインの理論に従えば，そのとき，空間自体も一緒に縮んでいってしまうのです。

銀河をたくさん置いた空間を想定して，アインシュタインの方程式を解いてみたら，そこで何が起こるでしょうか。止まった状態，定常宇宙を考えれば，何でも止まってないといけません。しかし，実際に方程式を解いてみると，全部引力が働き合って，ちょうど風船がしぼんでいくのと同じように，あっという間に宇宙はつぶれてします。そこでアインシュタインは何をしたかというと，引力とは反対の性質をもっているもの――反発力，斥力――を空間自体にもたせて，アインシュタイン方程式の中に「宇宙項」として導入しました。銀河同士の重力による引力と，宇宙項による反発力をうまく釣り合わせて，定常宇宙の解を作ったのです。つまり，アインシュタインは，宇宙項Λを一生懸命吹き込んでいって風船がつぶれないように苦労して，やっとのことで定常な宇宙を成り立たせたわけなのです（図7）。

5 膨張する宇宙

一般相対性理論から八年後の1924年，アレクサンドル・フ

一般相対性理論：
　中身の物質（エネルギー）が空間のあり方を決める。
　定常宇宙を実現しようとしても，銀河同士の万有引力によって宇宙はつぶれてしまう！

⇩

空間自体に反発力（「宇宙項」）を持たせ，万有引力と釣り合わせて定常宇宙にした。

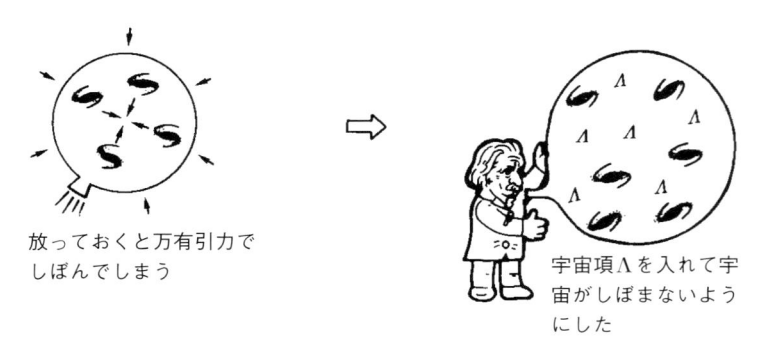

放っておくと万有引力でしぼんでしまう

宇宙項Λを入れて宇宙がしぼまないようにした

図7 ●アインシュタインの考えた定常宇宙（1915年）

リードマンという学者がある論文を発表しました。フリードマンは，宇宙は定常じゃなきゃいけないという偏見を持っていませんでした。そこで宇宙項だって一生懸命吹き込むのも大変だから，それなしでとにかくアインシュタインの方程式解いてみました。そこで膨張宇宙という解を発見したのです。引力が働く物質しかないのにどうして宇宙は膨張することが可能なのかと不思議に思うかもしれません。それはなぜ可能になったのでしょう？

　アインシュタインは銀河の速度を最初は全部 0 だと思ったわけですが，フリードマンは必ずしもそうじゃなくてもいいじゃないかと考えました。お互い大きな速度を最初に持っている——ドカンと大きくなるような，今でいうビッグバンが起こる——とういう初期状態から始めて解いてみたらどうなるだろうか，と考えたわけです。これはちょうど地球からロケットを打ち上げるときと似ています。地球とロケットの間にはニュートン以来の万有引力しか働いていないから，いつでもこの二つは引き合っているわけです。にもかかわらず，なぜロケットを飛ばすことができるかというと，最初にロケットエンジンを吹かしてドカンと打ち出すから地球の重力圏を脱出するところまで飛ばしていくことができるわけです。そのエネルギーが足りなかったらまた落っこちてきてしまいます。宇宙の場合も同じで，最初に与えたエネルギー，初速度が十分大きければいくらでも膨張するような解を作ることができます。そうでない場合には一旦は膨張してもまた縮んでいくような解になったりもします。とにかくフリードマンは膨張宇宙の解があるのだということを見つけたわけです。しかしアインシュタインはその時でもまだ，「宇宙が変化するわけない，だか

らナンセンスだ」と言ってフリードマンの解を退けたと言われています。

ハッブルの発見

ところが1929年になると、アメリカの天文学者エドウィン・ハッブルが、「ハッブルの法則」というものを発見しました。遠くの銀河は私たちから遠ざかっていて、しかも、遠ければ遠いほど速く遠ざかっているという現象を観測的に見つけました。実はこれより少し前にベルギーのジョルジュ・ルメートルも同じようなことを発見し、しかもフリードマンと同じ理論的解釈まで与えていたようですが、今はハッブルの法則という名前で呼ばれています。

1千万光年離れている銀河は秒速250 km、2千万光年離れている銀河は秒速500 kmで私たちから遠ざかっています（図8）。しかも、どちらの方向を見ても遠ざかっているとのです。そうすると、あたかも我々は宇宙の中心にいるかのように思うかもしれません。なぜならば、すべての銀河はかつてわれわれの位置にあり、あるときヨーイドンと蜘蛛の子を散らすようにさまざまな初速度をもってわれわれから遠ざかりはじめたとすれば、ハッブルの法則が説明できるからです。つまり、同じ時間走ると、足の速い人ほど遠くまで行けるので、遠くにいる人ほど大きな速度をもっていることが理解できるからです。

しかしこの説は私たちが今いる場所が宇宙の中心でなければ成り立たない議論であり、これは近代自然科学の立場からは致命的

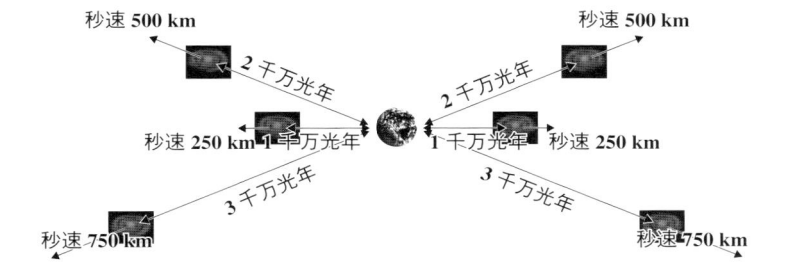

秒速 500 km 2千万光年 2千万光年 秒速 500 km
秒速 250 km 1千万光年 1千万光年 秒速 250 km
          3千万光年   3千万光年
秒速 750 km   秒速 750 km

図8●ハッブルの法則
　遠くの銀河は私たちから遠ざかっている。しかも，遠くの銀河ほど遠ざかっている。

な欠点であるといわざるを得ません。天文学の歴史を紐解いてみますと、古来人類は私たちの住む地上こそが宇宙世界の中心であると考え、太陽や夜空の星ぼしは私たちのまわりをぐるぐる回っているのだと考えていました。天動説です。しかし、観測の進歩とともに、そう考えたのではどうも天体の運行を説明するのにやたら複雑な理論が必要であることが徐々に明らかになり、ついにはむしろ太陽を中心と考え、地球も水星や金星と同様に太陽の周りを回る惑星の一つにすぎないのだと考える方が都合がよいことがわかりました。地動説への転換です。このことは、単に「地球と太陽とどちらが太陽系の中心か」という科学的な問題としてだけではなく、私たちの存在そのものの意味づけにも変革を迫った、画期的な出来事だったといえます。この発想の転換をその創始者の名前を採って「コペルニクス的転回」と呼んでいます。

　天文学のこのような歴史に学ぶと、太陽系よりももっと大きな宇宙全体を考えたときに、私たちの暮らす天の川銀河が宇宙の中心でなければハッブルの法則を説明できないというのでは困るのです。

フリードマンの解

　そこで出てくるのがこのフリードマンの解、膨張宇宙の解です。フリードマンに従って宇宙は一様に膨張しいていると考えると、我々の銀河がどこだったとしても（図9のABCのどれだったとしても）、最初2倍の距離に最初あった銀河は2倍の速さで遠ざかっていくということを、絵に描いて検証することができま

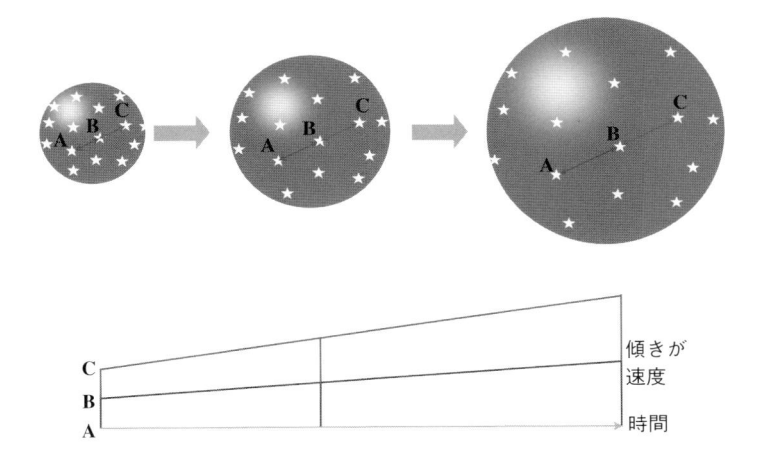

図9 ●宇宙膨張によるハッブルの法則の説明（イラスト：西出滋）

す。というわけでハッブルの観測というのはフリードマンの膨張宇宙の解を検証したのだ、ということになり、宇宙は大きくなり続けているという革命的なことがわかったわけです。決して定常ではなかった。なので、本章のタイトルにも掲げた「宇宙の始まり」というものがあるということになるわけです。

　大きくなり続けているということを逆にたどれば、どこかに始まりがあったことになります。昔の宇宙は小さかったわけですから、どんどん縮めていけばだんだん違った状態になってきますね。もし昔の宇宙が小さかったのだとしたら、ピストンを圧縮していくとシリンダーの中の温度が上がっていくように、現在の宇宙から過去に時間を遡っていったら、どんどん熱くなっていくでしょう。さらにどこかに、宇宙が一点にまで縮んでしまうような時代があったのではないだろうかということになるわけです。これがいわゆるビッグバン宇宙論の「宇宙の始まり」ということです。

　エネルギーが上がっていくと、だんだんいろんなものがバラバラになっていきます。我々を構成しているような分子も原子に分かれます。原子は原子核とその周りにある電子からなっており、原子核は中性子と陽子から成っていて、中性子や陽子はそれぞれその中にクオークというものを含んでいるのですが、どんどん過去に向えば向うほどエネルギーが高くなって、それらはみんなバラバラになっていきます（図10）。そのような状態から宇宙は始まったはずです。それならば、いつどうやって始まったのだろうかという謎が、素粒子物理学の進展によって少しずつ分かるようになってきたわけです。

第Ⅱ章　宇宙の始まる前　57

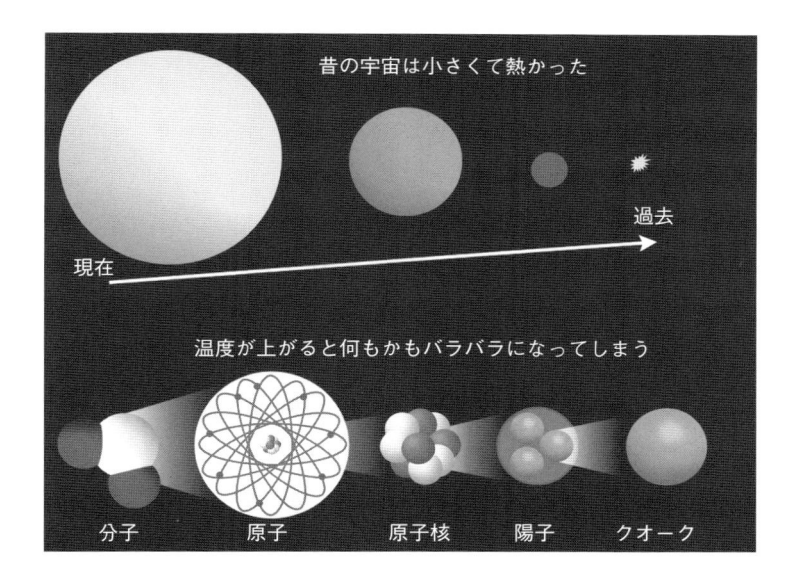

図10●高温・高密度の初期宇宙では構成要素がより細かくなっていたはずである。（イラスト：西出滋）

6 宇宙の始まりと宇宙の果て

　まず，いつ始まったのだろうかということを，単純に考えてみましょう。1000万光年離れた銀河が毎秒250 kmで遠ざかっていることがわかっています。この1000万光年を250 km/秒で割ると，130億年かけて現在の距離まで遠ざかったことになります。ここから，宇宙の年令は130億年ぐらいだと推定できます。ただし，これはずっと同じ速さで変化していたことを前提とした場合で，実際にはそうでないので少しずれます。それでも驚くほど正しい値です。現在の観測によると，宇宙の年齢は138億歳です。したがって，我々に見える宇宙の大きさも138億光年ぐらいということになります。それをメートルに換算したのがすでに述べた10^{26} mという，「宇宙の地平線」までの距離になります。

　宇宙の始まりを考えるということは逆に言うと宇宙の果てを調べるということにも繋がっていきます。

　膨張宇宙をさかのぼると宇宙の温度は大きさに反比例して上昇していきます。昔へ行けば行くほど密度も高く，熱かったのです。大きさが現在の1000分の1程度であった頃の宇宙の温度は数千度ということになりますが，このように高温の状況では，宇宙に最もたくさん存在する元素である水素の原子はイオン化して，陽子と電子に分解します。さらに，宇宙の大きさが現在の百億分の一くらいであった頃に（温度は約100億度），初期宇宙の元素合成という一連の原子核反応が起こったことがわかっています。現在の宇宙の元素組成は水素が7割，ヘリウムが28％ほど

であると考えられていますが、そのヘリウムの大半はこのころできたものです。

　そして、水素の原子がイオン化して陽子と電子に分かれていたころは、光子は電子によって盛んに散乱され、エネルギーのやりとりを活発に行っていました。このような状態を熱平衡状態と呼びます。宇宙膨張とともに温度が下がって原子核が電子と結合して電気的に中性な水素原子になると、もはや光子はまわりの物質とは散乱しなくなるので、宇宙膨張によって波長を伸ばしながらまっすぐに運動することになります。これ以降の宇宙は光の運行を妨げないため、このときを「宇宙の晴れ上がり」と呼びます。したがって現在宇宙背景放射を観測するということは、宇宙が晴れ上がった頃の昔の宇宙を直接見ることになるわけです。曇りの日には太陽光線が雲によって散乱されてしまい、太陽を直接見ることができませんが、晴れの日には遠くの太陽から約8分前にでた光がじかに見えるのと同じことです。

　この「雲」はちょうど宇宙が生まれてから38万歳のころに晴れ上がりました。その名残をマイクロ波とよばれる電波で観測しますので、宇宙マイクロ波背景放射という名前で呼んでいます。背景放射ってちょっと変な名前ですが、アニメーションで人物が動く前景にあたるのが星や銀河の光とすると、その背景の全然動かない画に相当するような、一番遠くからくる放射（電波）という意味です。これが発見されたのは1965年のことでした。前景放射のうち星からくる光を見ると図11のようにきれいな星座の分布が描けるわけですが、背景放射で同じように全天の地図を描くと、図12のようになります。星の場合だったら、星のあると

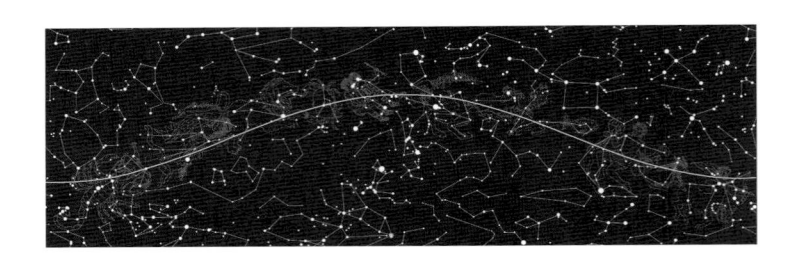

図11●可視光線で見た宇宙の全景放射(イラスト:西出滋)

第Ⅱ章　宇宙の始まる前

T＝2.728 K

宇宙は 4 桁の精度でのっぺらぼう

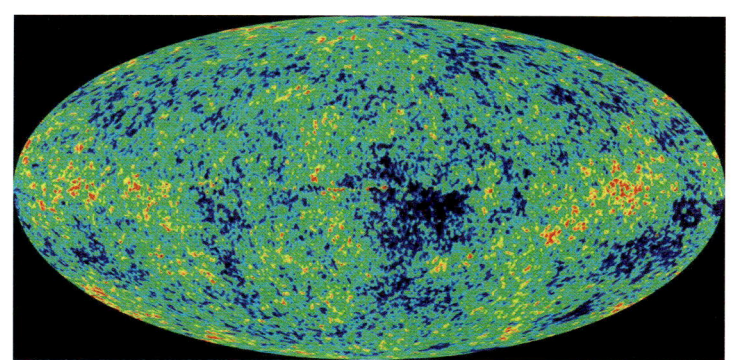

だが，5 桁の精度ではかると温度のムラが見える。

図 12●宇宙背景放射探査衛星の全天地図。いろいろな方向を観測したときに得られる宇宙背景放射の温度のズレは 0.00003 度程度になる。

ころから光が強くきますし,ないところは真っ暗ですが,この背景放射の電波というのはどこからも同じ強さで届いています。図12上は4桁の精度で描いた場合ですが,5桁目まで望遠鏡の精度を上げると初めてズレが見えてきます(図12下)。青いところと赤いところでずいぶん温度が違うようなイメージで見えますが,この二つの温度の差は0.00003度ぐらいしかありません。38万歳のときの宇宙がどこを見ても同じだったということを表しているわけです。これは厳然たる観測事実です。

7 インフレーション

このような観測をビッグバン宇宙論の中でうまく説明しようと思うと非常に困ったことになります。物質同士に働く万有引力があるので,ビッグバン宇宙論では宇宙の膨張はだんだんスローダウンしていくはずです。グラフで描くと,図13のような形になります。現在から過去に,ちょうど晴れ上がりのとき(38万歳のとき)まで遡ると,大きさはだいたい現在の1000分の1ぐらいの 10^{23} m だったことになります。しかし,このとき,ビッグバンの時点から光は38万光年ほどしか飛んでいけてなかったはずです。38万光年をメートルで表すと 10^{21} m で,100倍ぐらい大きさが足りません。ビッグバンから時間の流れを現在の向きに測った宇宙の大きさと,現在見えるデータを元に過去に向って遡って測った宇宙の大きさを比べてみると,なんと100倍も大きさがずれているという矛盾が起こってしまうわけです。なぜこんなこと

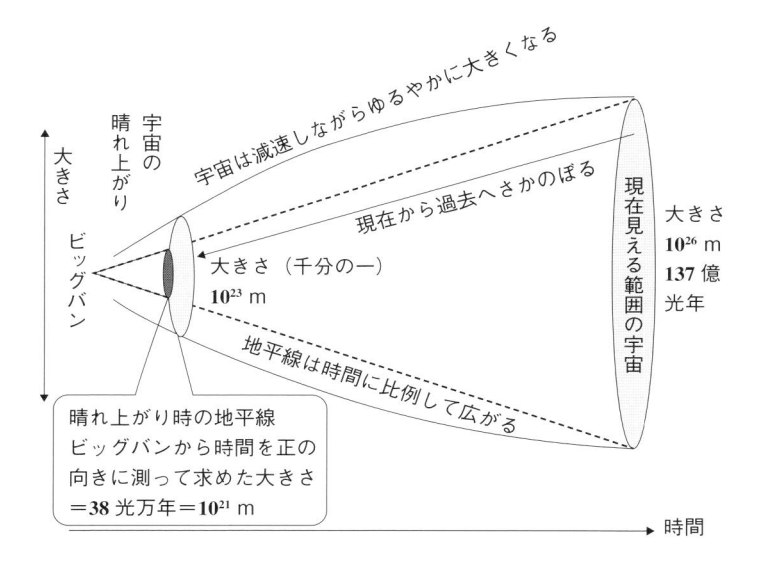

図13●ビッグバン宇宙論。

になったかというと、ビッグバン宇宙論という、宇宙が常にスローダウンしながら膨張するモデルを考えたからいけなかったのです。

　それを解決するためにはどうしたらいいか。この解決方法を口で言うのは簡単です。要するに宇宙が緩やかに膨張すると考えるからビッグバン宇宙論では駄目だったわけです。そこで、宇宙の大きさを最初に急激にうんと大きくしといてやればいいじゃないかという考えがでてきます。この「急激に」というのは、指数関数的な（ネズミ算式の）膨張ということです。これを「インフレーション」と私たちは呼んでいますが、それをヘリウムができる前、宇宙が始まってすぐに起こしておけば、宇宙の大きさが百倍もずれているという問題は解決できます（図14）。ネズミは一定の速さでどんどん子どもを産み続けるからネズミ算式に増えていくわけで、宇宙もそんなふうに大きくなってくれればいいわけです。この一定の速さということが大事です。ところが、ビッグバン宇宙論で仮定しているような、万有引力を及ぼしあっている普通の物質しかないような宇宙では、膨張は必ず重力の作用でだんだん遅くなってしまいます。急激に指数関数的に膨張させるなんてことはできません。しかし、スピードアップしていくような、急激な膨張をする宇宙でなければつじつまが合いません。そこで、アインシュタインの宇宙項と同じような、万有引力ではなくて反発力になるような新しいエネルギーを考えなくてはなりません。

　では、この新種のエネルギーとは何なのか。ここで素粒子物理学の出番です。南部先生の研究成果もかかわってくるのですが、

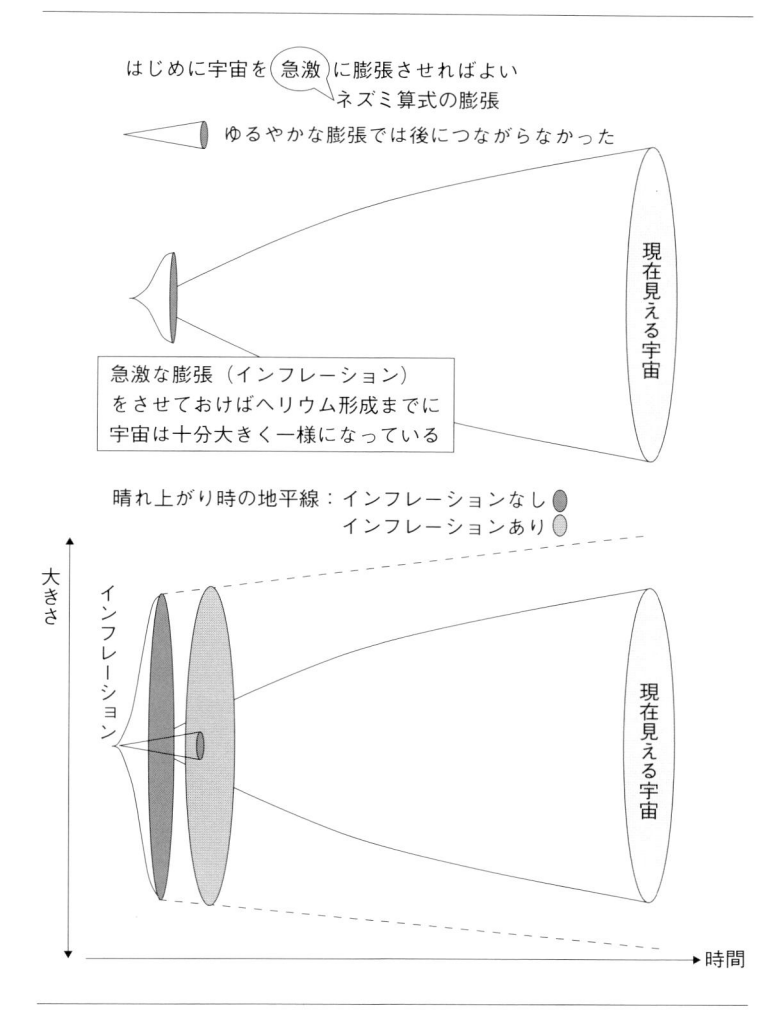

図14●宇宙のインフレーション（上）と地平線問題（下）

それは「宇宙の位置エネルギー」とでも呼ぶような，状態自体が持っているエネルギーです。ここに大きな岩をもった悪いオオカミがいて，この岩を崖から落として下にいる猫ちゃんを撃ち殺そうとしています（図15）。高いところにある岩というのは，いかにも危なくて怖いですね。なぜかというと位置エネルギーが大きいからです。どんなに大きな岩であっても，低いところにある岩を怖いと思うことは決してありません。なぜなら，エネルギーが低い状態にあって，これによって我々が撃ち殺されるなどという心配はないからです。同じ岩であってもどこにあるかによって，つまりどういう状態に置かれているかによって，持っているエネルギーが全然違う，それが位置エネルギー——状態で決まるエネルギー——ということです。

　宇宙が膨張する速さは，そのエネルギー密度の平方根に比例するということがアインシュタイン方程式によってわかっています。普通の物質だけを含んだ宇宙のエネルギー密度は，膨張によって薄だんだんまっていくので，宇宙膨張の速さもゆっくりになってしまうわけです。ところが位置エネルギーというのは状態だけで決まりますから，もし状態さえ変化しなかったら宇宙がどんなに膨張したからといって，その密度は減るわけではありません。トータルなエネルギーとしてはどんどん増えていくわけなのですが，状態さえ変わらなければずっと同じエネルギー密度を保っていられるので，ずっと同じように膨張率を保ったままで膨張させることが可能になり，それによってインフレーションを起こすことができるわけです（図16）。第I章で「場(ば)」という言葉が出てきましたが，位置エネルギー密度の大きさというのは宇宙の

図15●位置エネルギーとはなにか（イラスト：西出滋）

普通の物質のエネルギー密度は宇宙膨張と共に薄まってしまう

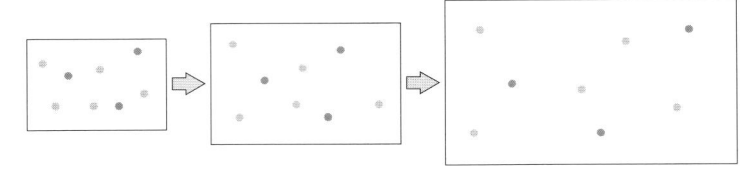

位置エネルギーは状態だけで決まるので，宇宙が膨張したからといって密度が減るわけではない

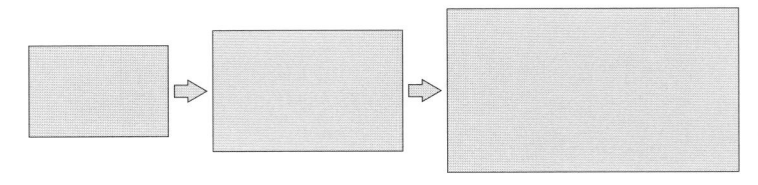

図16 宇宙膨張率はエネルギー密度の平方根に比例する

状態を表すある変数であり、「インフレーションの素」なんて書いてしまいましたが（図17）、これも「場」の一種です。宇宙の状態変数の値と言っておきましょう。図17の横軸が何であるかというのは実は素粒子物理の大きな課題の一つです。この状態変数の値が大きければエネルギーの値も大きいのです。ちょうど図18のお椀の中を転がっていくパチンコ玉のようなものをイメージしていただければ結構です。パチンコ玉（宇宙の状態）がお椀の縁に最初あったとしたら、非常に大きなエネルギーを持っていることになります。しかも、それは位置エネルギーですから、このパチンコ玉はここにある限りはずっと同じ値のエネルギー密度を持ち続けます。なので、インフレーションという急激な膨張を起こすことが可能です。しかし、これがだんだん落っこちていって、最後に底にいったら位置エネルギー0になりますからインフレーションは終わるわけです。それが私たちの現在住んでいる宇宙です。

　では、最初にあったこの位置エネルギーから生まれた運動エネルギーはどこへいったのでしょうか。これは摩擦によって熱になって消えた、というのが普通の物理です。宇宙の始まりに起こるのも全く同じことで、最初にもっていた位置エネルギーが、まず振動の運動エネルギーに変わって、最後には摩擦熱として開放されてしまいます。これは素粒子物理の言葉で言うと、インフレーションを起こす「場」が崩壊して別の素粒子になったということです。それによって宇宙は温められて、ビッグバン宇宙論の最初にあった非常に熱い状態を実現したと考えられます。ビッグバン宇宙論ではどうしてビッグバンが起こったかわかりませんで

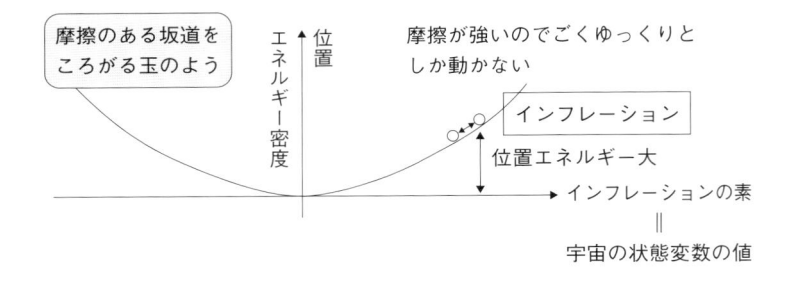

摩擦のある坂道を
ころがる玉のよう

摩擦が強いのでごくゆっくりと
しか動かない

インフレーション

位置エネルギー大

エネルギー密度

位置

インフレーションの素
＝
宇宙の状態変数の値

図17 ●インフレーションを起こした宇宙の位置エネルギー

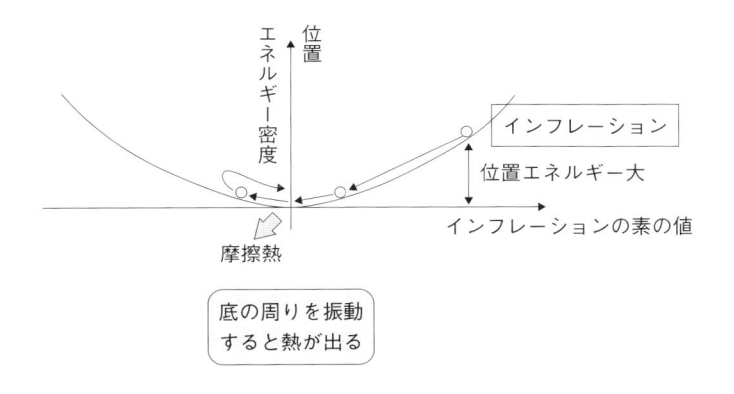

図18●位置エネルギー密度が大きいときインフレーションが起こり、その後、底のまわりを振動すると熱が出てビッグバンが起こる。

したが，インフレーション宇宙論に立つと，ビッグバンが起こったのはこのインフレーションの素になっているものが振動して摩擦熱をたくさん出したからだという説明が可能になるわけです。

　しかし，本章の主題は宇宙が始まる前ですから，ビッグバンより前のことはこうやってわかったとしても，それよりさらに前のことに触れなければなりません。それにはもう少し難しいことを考えないといけません。宇宙が始まってから「晴れ上がり」まで38万年とか，現在まで138億年とか言いましたが，ビッグバンが起こったのは，わずか 10^{-43} 秒から 10^{-32} 秒のころです。そのころの宇宙の大きさは原子や陽子よりも小さいミクロな世界なので，糸山先生の章にも出てきた量子論がものをいう世界です。私たちは，普段光というのは波だと思っていますが，量子論に従えば粒子の性質も持っています。また，電子というのは粒子だと思っていますが，実は波としての性質も合わせて持っています。そして，このような見方が必要となるミクロの世界では，量子論に基づくハイゼンベルクの不確定性原理というのが成り立ち，各時刻での電子の位置と速度を同時に精度良く決めることはできないのです。したがって，一個の電子をピタリと捕まえようとするのは雲をつかむように不可能なことであり，また電子が一秒後にどこにいるかというのは確率的にしかわからないのです。このことは，「電子は絶えずランダムな力を受けながら運動しているため，どこに動いていくかは確率的にしかわからない。」という捉え方をすることもできます。このランダムな力のことを量子ゆらぎと呼びます。宇宙は最初，この量子ゆらぎというものによって支配されていたわけです。

宇宙のインフレーション的膨張を引き起こすスカラー場の運動も同様で、お椀の中を単にころころと一様に下に転がるのではなく、量子ゆらぎの影響を受け、各点各時刻で異なる大きさを持った上向き・下向きのランダム力を受けながら運動し、時には少し前よりも上に上がってしまうところも出てくるのです。とはいえ、ランダム力は所詮ランダムなものであって、平均すればゼロになるから宇宙は全体としては、いずれはどこもお椀の底に落ち着くだろう、というのが直感的な予測です。しかし、現実は全く違います。さきに述べたように、宇宙の膨張率はエネルギー密度が大きい方が大きいため、お椀の縁の方に動いて高い位置エネルギーを持った領域は、より大きな体積を持つようになります。これを繰り返すうちに、宇宙の体積の大半は大きな位置エネルギーをもった領域によって占められるようになるのです。そこでは量子ゆらぎが宇宙の進化を支配し、永遠にインフレーション的膨張を続けることになるのです。量子ゆらぎは場所ごとに次々と生成され続けるので、さまざまなゆらぎの値をモザイク状に持った各領域がしばらく膨張すると、その中に再びモザイク状にゆらぎが発生し、ゆらぎの中から小さな宇宙が次々と発生し続ける、という驚くべき描像に達します。つまり、宇宙が始まる前、インフレーションが始まる前には何があったかというと、ゆらぎの支配する世界があったということになります（図19）。

　ゆらぎの支配する世界とはどんな世界かというと、時計のない世界です。時計で時間を計ることができるのは、時間がいつでも一定の方向に動くからですね。しかし、ゆらぎの支配する世界とは、時間がどっちに動くか分からない、時計の針があっちに行っ

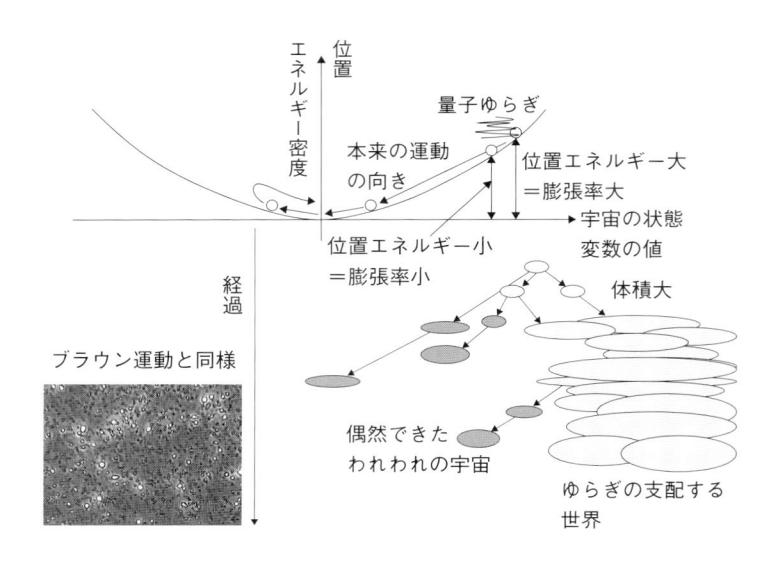

図19 ●宇宙がはじまる前のゆらぎが支配する世界

たりこっちに行ったりするような世界です。宇宙の始まりを考えるとき，どうしても私たちの頭の中には「時間の流れ」というのが最初にあって，それでは始まる前は何だったんですか？という話になりますが，そうではありません。宇宙というのは時間の流れの中に作られたのではなくて，時間とともに作られたのだ，ということです。

　最初のゆらぎに支配された世界では，位置エネルギーが大きいところや小さいところがあり，大きいところではゆらぎも大きいわけです。位置エネルギーが小さくなると，このゆらぎも小さくなって，あとは振動してビッグバンにいくということになります。というわけで，最初宇宙の始まりには時間のない，要するにゆらぎだけの世界があって，そこで生じたインフレーションがうまいこと終わったところに我々が住んでいるのです。そして，宇宙の果てとは何かというと，地平線よりずっと遠くに果てがあるわけで，その外にはいまだにゆらぎに支配された世界があるはずです。しかし，その境界線はわれわれから光速で遠ざかっているので，私たちがそれを見に行くことは決してできません。

第Ⅲ章 | *Chapter III*

究極理論に向けて——超ひも理論の展望

川合　光

1 自然科学の発展のしかた

　この章では超ひも理論（超弦理論，単に「弦理論」「ひも理論」と呼ぶこともある）を中心として素粒子物理の話をします。最初に素粒子物理がサイエンス全体の中でどのような位置にあり，また，自然法則に対する理解がどのように発展してきたのかということを説明しておきたいと思います。

　自然法則の探求というものは大ざっぱに二つに分けられます（図1）。一つは自然界の基本法則を探るということで，これはより基本的なもの，より基本的な力を求めていくというやりかたです。もう一つは，複雑なものがもつ性質を調べていこうというやりかたです。この二つはいつもお互いに相補的に発展してきました。

　また，複雑なものがもつ性質といった場合にも，複雑な個々のものの性質を探るということと，複雑なものの中にある統一的な性質を探るということの両面があります。これがまさに多様性と普遍性ということなのです。

$\left\{\begin{array}{l}\textbf{1.}\text{基本法則を探る}\\\quad\text{基本的なもの，基本的な力}\\\textbf{2.}\text{複雑なものの性質を探る}\end{array}\right.$

$\left\{\begin{array}{l}\text{多様性(個々のものの性質)}\\\quad\text{原子・分子，生命，材料科学，天体，宇宙}\\\text{普遍性(統一的な性質)}\\\quad\text{熱力学，生命？，…}\end{array}\right.$

1と**2**はお互いに補い合いながら発展してきた

図1 ●自然法則の発展のしかた

自然科学の対象となるものを具体的に小さいほうから並べると，素粒子・原子核からはじまり，原子・分子，それから生命だとか，材料・物質，そして天体・銀河から宇宙全体にいたるまでさまざまなものがあります。このような個々のものに特有な性質を調べるのが多様性の追求です。

　逆に複雑なものがもつ統一的な性質，たとえば熱力学などがその典型なわけですが，系が複雑であるがゆえに成り立つ統一的な性質を探っていこうというのが普遍性の追求です。余談ですが，生命などもそのような普遍的な現象かもしれません。

　いずれにしても，基本法則を探るということと，複雑なものの性質を理解することという，二つのアプローチはお互いに補い合いながら発展してきました。基本法則がわかれば，それに基づいて複雑なものが解析できるようになります。複雑なものが理解できるようになるとテクノロジーの進歩をうながしますし，また，複雑さの背後に隠れていた基本法則がより明確にわかるようになります。

　自然科学はこのように発展してきたのですが，本章の主題は，基本法則の理解がどこまで進んでいるかという点です。まず，物質のより基本的な構成単位とその相互作用を調べようというのが素粒子物理のいき方です。

2 基本的な粒子と相互作用

　身の回りの物体，たとえばコップに入った水について考えてみ

ます。これを拡大してみると、水の分子がみえてきます。原子・分子というのは大体1オングストローム（1億分の1 cm）くらいの大きさです。それをもう少し大きくみたのが図2です。そうすると、水の分子というのはたとえば酸素原子核が1個と水素原子核が2個、その周りを10個の電子が雲のように取り巻いている、このようなシステムであることがわかります。

　糸山先生の章にもありましたが、原子・分子というのは結局、原子核と電子が電気力で結びついたものであるといえます。この電気力というのをもう少し詳しくみると、図2右下の絵のようになります。絵では下から上に向かって時間が流れていますが、このように電子と原子核がいくつかありまして、その間に光子を交換することによって生じている力が電気力です。これが原子・分子の世界です。

　そこで、この原子核をもう少し拡大してみましょう（図3）。

　そうすると、酸素の原子核というのは8個の陽子と8個の中性子からなっています。水素の原子核というのは陽子1個です。原子核というのは陽子や中性子がぎっしり詰まったものと思っていただければ、大体イメージがつかめます。陽子の大きさは1 fm（フェムトメートル、1オングストロームの10万分の1）です。原子核というのは陽子とか中性子が核力で結びついたものであるといえます。

　この核力というものを先ほどと同じように詳しくみてみると、陽子や中性子の間に中間子を交換して起きている力であることがわかります。このように原子核の中にあるもの、陽子や中性子、中間子、このようなものをひっくるめてハドロンとよんでいま

第III章　究極理論に向けて——超ひも理論の展望

基本的な粒子と相互作用

物質のより基本的な構成単位とその相互作用を調べる。

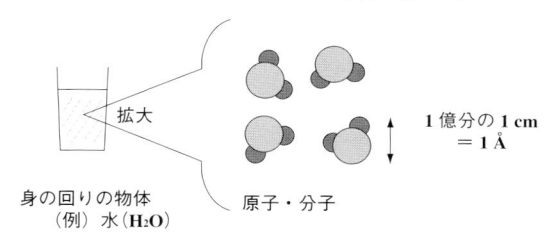

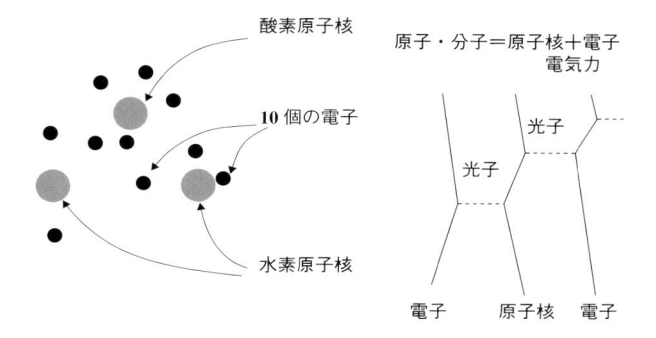

身の回りの物体　→（拡大）→　原子・分子
（例）水（H_2O）

1億分の1 cm ＝ 1 Å

酸素原子核
10個の電子
水素原子核

原子・分子＝原子核＋電子
電気力

光子
光子
電子　原子核　電子

図2●物体を拡大してみる

原子核を拡大してみる

原子核＝陽子＋中性子
核力

● 8個の陽子と8個の中性子

酸素原子核

● ↕ 10万分の1 Å ＝ 1 fm
水素原子核（陽子）

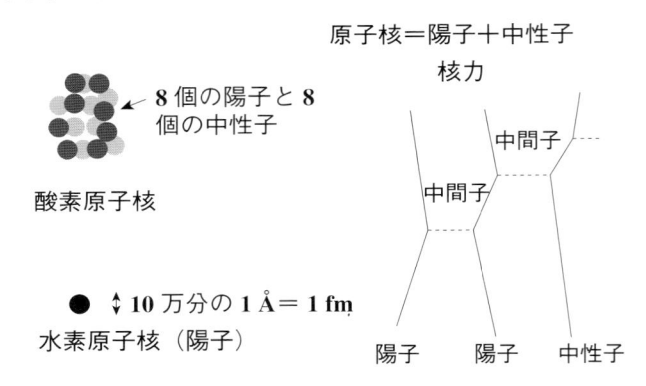

陽子　陽子　中性子

中間子
中間子

陽子，中性子，中間子などをまとめてハドロンという。

図3 ● 原子核を拡大してみる
　　Å：オングストローム，fm：フェムトメートル

す。

では、そのハドロンを拡大したらどうなるかというのが図4です。

陽子とか中性子というのは実はクォーク（標準模型を構成する基本的な粒子。くわしくはすぐ後に説明します）が三つくっついたもので、中間子というのはクォークと反クォークがくっついたものです。もう少し詳しくいうと、クォークにもいくつか種類があります。陽子というのはuクォークが二つとdクォークが一つ結びついたものです。

中性子のほうはuとdの数が逆で、dクォークが二つでuクォークが一つ。中間子もどのクォークとどの反クォークをとるかということで何通りかあります。いずれにしろ、ハドロンというのはクォークや反クォークが強い相互作用でくっついたものといえます。また、強い相互作用というものをもう少し詳しくみると、たとえば中間子の場合では、クォークと反クォークがグルーオンというものを交換して力を及ぼし合っているというわけです。

では、その次の段階、クォークなどを拡大したらどうなるのか。実は現在の加速器では、核子の大きさ、すなわち1 fm、の1000分の1くらいまで細かくみることができます。しかし、それくらいまで拡大してみても、先述の電子やクォーク、光子、グルーオンのようなものの広がりは全くみえてきません。つまり、点にしかみえません。

ここでは、だんだん拡大するという具合に話をすすめてきましたが、相互作用には電磁気、強い相互作用のほかに弱い相互作用

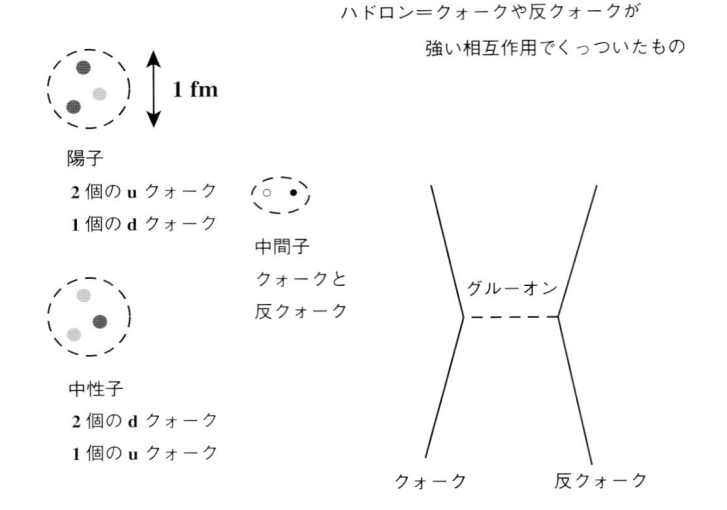

ハドロン＝クォークや反クォークが
強い相互作用でくっついたもの

陽子
2個の u クォーク
1個の d クォーク

1 fm

中間子
クォークと
反クォーク

中性子
2個の d クォーク
1個の u クォーク

グルーオン

クォーク　　　反クォーク

図4 ● ハドロンを拡大してみる

というものがあります（図5）。その典型的な例がいわゆるベータ崩壊で，中性子が陽子と電子と反ニュートリノに壊れる，という現象です。中性子も陽子もクォーク三つからできているものでしたから，クォークでいいますと，結局dクォークがuクォークと電子と反ニュートリノに壊れるという現象です。dクォークがuクォークに変わる途中でWボソンというものを一つだし，そのWボソンがまた電子と反ニュートリノに壊れる，このような形で起こっているのが弱い相互作用です。

3 | 標準模型

今のところ，1000分の1 fm くらいまでの細かさでものがみえているのですが，この範囲内では今いった以外の力はありません。今のところこれ以上の構造も相互作用もみえていない，という意味で標準模型といっているのが図6です。

標準模型の基本的な粒子はクォークとレプトンです。すでに述べたように，電子と電子ニュートリノ，dクォークとuクォークが，われわれの身の回りの物質をつくっているレプトンとクォークであり，第一世代とよばれています。実は二つのレプトンと二つのクォークの四つ組のコピーがあと二つあるのです。それを第二世代，第三世代とよんでいます。第二世代は，レプトンがミュー粒子とミューニュートリノ，それからクォークがsクォークとcクォーク，第三世代はレプトンがタウ粒子とタウニュートリノ，クォークがbクォークとtクォークということになりま

現在，**1 fm** の **100** 分の **1** くらいまで細かく見えるが，
電子，クォーク，光子，グルーオンなどの拡がりは見えていない。

電磁気，強い相互作用のほかに弱い相互作用がある。
　弱い相互作用の例　ベータ崩壊
　　中性子 → 陽子 ＋ 電子 ＋ 反ニュートリノ

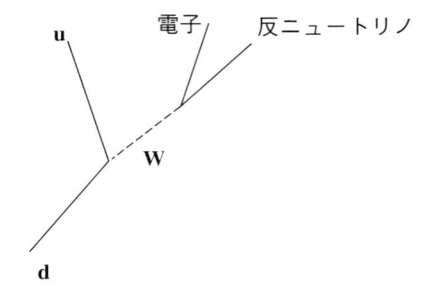

```
      u      電子   反ニュートリノ
       \      |    /
        \     |   /
         \    |  /
          \---W
          /
         /
        /
       d
```

図5●標準模型

標準模型
 基本的な粒子
  レプトン：電子　　　　　　　　ミュー粒子　　　　　タウ粒子
  　　　　　電子ニュートリノ　　ミューニュートリノ　タウニュートリノ
  クォーク：**d** クォーク　　　　**s** クォーク　　　　**d** クォーク
  　　　　　u クォーク　　　　**c** クォーク　　　　**t** クォーク
  　　　　　　↑　　　　　　　　　↑　　　　　　　　　↑
  　　　　　第 1 世代　　　　　　第 2 世代　　　　　　第 3 世代

 基本的な相互作用（四つの力）
  電磁場　　　　　光子
  　　　　　　　　　　　　　　　　　　　　　　　　⎫
  弱い相互作用　　W ボソン，Z ボソン　　　　　　　⎬ 弱電磁相互作用
  　　　　　　　　ヒッグス粒子　　　　　　　　　　⎭
  強い相互作用　　グルーオン

  重力　　　　　　重力子

図6●標準模型　基本的な粒子と基本的な相互作用

す。これが基本的な粒子です。全部で三つ世代があるのだと見つけたのが小林誠先生と益川敏英先生です。

　それから，標準模型の基本的な相互作用は四つの力です。一つは電磁場で，光子を交換することによって生じます。二番目は，先ほどいいました弱い相互作用です。弱い相互作用は，さっきのWボソン以外にZボソンとヒッグス粒子とよばれている粒子の交換で起きている力です。三番目は強い相互作用で，それはグルーオンの交換で生じている力です。少し細かいことになりますが，きちんと理論をつくろうとしますと，電磁場と弱い相互作用はひとまとめにして初めて矛盾のない理論ができ，それを弱電磁相互作用とよんでいます。

　以上の三つにくわえて，四番目に重力があります。実は重力はほかの三つと大きく違う性質をもっています。その違う性質をどのように理解するかというのが超ひも理論につながってくるわけです。重力は，理論的には重力子を交換することによって生じているはずの力ですが，まだ重力子については発見されていない状況です。これからみていくように，ほかの三つの力と違い，重力は場の量子論で記述することができません。

4 相互作用の統一

　四つの力のうち，重力以外の三つの力は非常によく似ています。実際，これらの三つの力はゲージ理論というものでうまく記述できます。また，10^{-16}ないしは10^{-18} fmくらいの短距離まで

行くと，三つの力が統一されているというようにみえます。この事情を少し説明します。

まず，その相互作用の強さに注目したいのですが，例として電気力を考えます。電子を二つ，真空の中にポンと置いてみます。それはただクーロン力が働くだけの単純なことだと思われるかもしれません。しかし，正しい世界は量子力学に従っているわけですから，真空といっても決して空っぽではありません。

真空の中にも電子とか陽電子などの粒子・反粒子が仮想的にいくらでもつくられています。そのようなところに電子を二つもってくると，その電場のせいで真空が少し分極します。図7でいうと，一方の電子が光子をだして，もう一方に吸収されるというわけですが，その途中で光子がいったん電子と陽電子に分解して，またもう1回くっついて光子になるというようなプロセスがあり得るわけです。あるいは，これが2回起きることもあり得ます。すなわち，光子が1回分極して光子にもどって，また分極して光子になります。絵でかくと，電子・陽電子の対が二つあります（図7(c)）。このようないろいろな状況の重ね合わせが，われわれが観測している電気力なのです。つまり，われわれが単純に電気力と思っているものは，実は真空が複雑に分極した結果だということです。

分極のイメージは，水でも油でもいいのですけれども，何かある誘電体の中に電荷をもってくると，その物質が分極して電荷を少し遮蔽するというような効果です。それと全く同じことが起きていて，真空が分極することによって，われわれがみている力は少し弱められているわけです。そうすると，弱められた後ではな

相互作用の強さ　例として電気力を考える

● 　　● 　　● ●電子● 　　● ● 　●
電子　電子　電子 ○ 電子　電子 ○ 　○ 電子
　　　　　　　　陽電子

a ＼___／　　b ＼_○_／　　c ＼_○_○_／

真空が分極

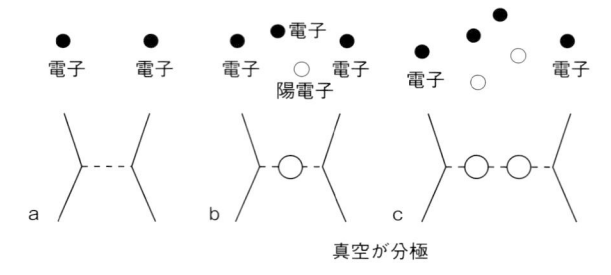

図7●相互作用の統一
　4つの力のうち，重力以外のものは非常に似ており，ゲージ理論で記述される．しかも，それらは 10^{-16}〜10^{-18} fm 程度で統一されているように見える．我々が観測しているのは，真空が分極するという効果を含んだ後の力である．そのような効果を含まない，生の力を見たければ，二つ電子の間の距離をどんどん小さくしてやればよい（これは計算できる）．

くて，もとの生の力をみたくなるわけですが，分極をつくりだしている電子と陽電子のペアはある広がりをもっていますから，その広がりよりも内側に入っていくとこのような効果がなくなって，生の力がみえてきます。実際，近距離でみると電気力はだんだん強くなっていきます。つまり，われわれがみているのは真空が分極して弱められたあとの力ですから，近距離に行くと力は大きくなるわけです。これはある程度実験的にも観測されています。

さらに近距離に行くとどうなるかを計算すると図8のようになります。横軸は距離分の一の常用対数です。ですから，左側が距離の長いところ，右側が距離の短いところです。縦軸は結合定数の逆数です。結合定数というのは，ここではクーロン力ですから，力は距離の二乗に反比例しますが，その比例係数を結合定数といっています。ですから，結合定数が大きいということは力が大きいということで，結合定数が小さいということは，力が小さいということです。

このように電気力は近距離に行くほど分極の効果が小さくなって，力は大きくなるわけです。

それでは，残りの弱い相互作用と強い相互作用はどうでしょうか。実はこれらに対しては分極の効果が逆に出ます。これは簡単には説明しにくいのですが，次のようにいえます。すでに述べたように，電磁場のときの基本的なプロセスは光子が電子と陽電子に分かれるというものでした。電磁場のときはそれだけだったのですが，たとえば強い力では，これと類似のグルーオンがクォークと反クォークに分かれるというプロセスのほかに，グルーオン

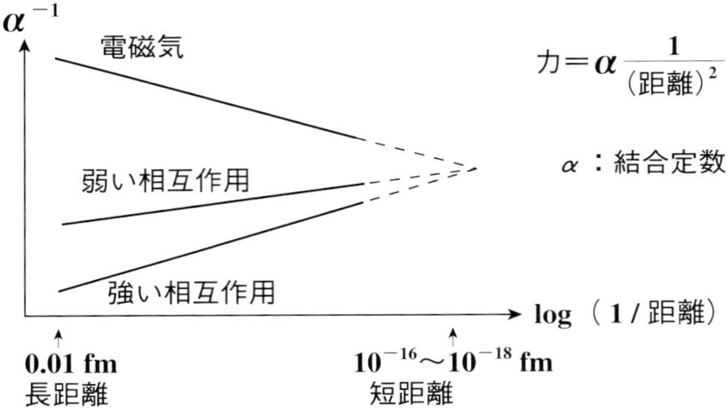

α⁻¹
電磁気
弱い相互作用
強い相互作用
log（1 / 距離）
0.01 fm
長距離
10⁻¹⁶〜10⁻¹⁸ fm
短距離
力＝α 1/(距離)²
α：結合定数

10^{-16}〜10^{-18} fm 間で三つの力は統一されると思われる。

もっと近距離にいくとどうなるか？　⇒　超ひも理論

粒子に見えていたものは実は，

大きさが **10^{-16}〜10^{-18} fm** の輪ゴムのようなもの

図8●三つの力の統一

がグルーオン自身に分かれるといったプロセスが起きてきます。そのせいで遮蔽が逆にきくようになっています。ということは，近距離に行くほど力は弱くなるということです。

　素粒子論でノーベル賞をもらったポリッツァー (Hugh David Politzer)，グロス (David Jonathan Gross)，ウィルチェック (Frank Wilczek) という人たちは，まさにこれがだんだん近距離に行くほど弱くなっているのだというのを計算してみせた人たちです。このようにして結合定数の大きさを追ってやると，大体 10^{-16} から 10^{-18} fm くらいの長さでこれらの大きさは一致しているようにみえます。そういう意味で四つの力のうちの三つの力は，どうもこれくらいの距離で統一されているらしいのです。したがって，この辺りに何か根元的なものがあるのだろうということは予想されますが，それでは，この辺までの距離，あるいはもっと短距離に行くとどのようにみえているのだろう，という問いに対する一つの答えが「超ひも理論」です。超ひも理論については，これから説明していきたいと思いますが，まず標準模型との関係を説明しておきます。

　さっき標準模型ではクォークやレプトン，それから光子，グルーオン，Wボソン，Zボソンといったものは点にみえるといいました。実は，これらは直径が大体 10^{-16} から 10^{-18} fm くらいの輪ゴムのようなもので，それがぶわぶわと振動している，そのようなものだろう，というのが超ひも理論の描像です。

5 重力と他の三つの力の大きさの違い

 超ひも理論の話に入る前に、重力はどうなっているかというのを考えることにします。

 重力とほかの三つの力の大きさを比べてみたいのですが、電気力とほかの力はもう比べましたから、今度は電気力と重力を比べます。電気力はクーロンの法則に従います。二つの電荷の積に比例して、距離の二乗に反比例します。一方、重力は、横山先生の章にもあるように、ニュートンの万有引力の法則です。重力もクーロンの法則と同じで、距離の2乗分の1に比例し、その質量の積に比例します。この比例係数を重力定数とよんでいます。実際に例えば二つの陽子をもってきて、その間の電気力と重力を計算します。そうすると電気力のほうが36けたも大きいということがわかります。

短い距離での重力の振る舞い

 重力以外の三つの力は、近距離では等しくなるということをみてきましたが、それでは重力を近距離で見るとどうなるか考えてみましょう。

 そこで、相対論と量子力学から式を借りてきます。相対論で $E=mc^2$ というのはよくご覧になる式だと思います。ニュートンの重力の式 $F_G = Gm_1m_2/r^2$ (F_G：重力, G：重力定数, $m_1 \cdot m_2$：質量, r：距離) にあらわれる m_1, m_2 というのは質量ですが、実は $E=$

mc^2 の関係で、エネルギーとみなすべきだというのがまず第一点です。すなわち、重力というのは結局二つの粒子のもっているエネルギーの積に比例しているのです。ですから、エネルギーが増大すると重力も増大するわけです。

もう一つは、量子力学のド・ブロイの関係というものです。われわれが粒子と思っているものは実は波の固まりだというのが量子力学のいっていることです。その波の波長（λ）と運動量（p）の間に $p=h/\lambda$ のような反比例の関係があります。この比例定数 h をプランク定数（117ページ以降に登場しますが、この h を 2π で割ったものもプランク定数とよび、量子力学ではこの方をよく用います）とよびますが、これがド・ブロイの関係といっているものです。（図9）

粒子の速さが光の速さに近いとき、エネルギーは運動量に光の速さを掛けたものになります。ですから、そのようなときはエネルギーが波長に反比例するという関係が得られます。結局、波長が短い現象というのは高いエネルギーの現象だといえます。実際、短い距離の現象をみるために高いエネルギーの加速器をつくります。その理由は、エネルギーが非常に高いものをぶつけると、その分波長が短くなる、つまり短い距離の現象がみえてくるからです。

ド・ブロイの関係とアインシュタインの式を組み合わせると次のように、短い距離での重力の振る舞いがわかります。

まず、短い距離というのは、ド・ブロイの関係から、高いエネルギーを考えるということです。そうすると、アインシュタインの関係から、高いエネルギーというのは実は質量が大きいという

q_1　　q_2　　電荷　　　　電気力 $= \alpha \cdot \dfrac{q_1 q_2}{(距離)^2}$

m_1　　m_2　　質量　　　　重力 $= G \cdot \dfrac{m_1 m_2}{(距離)^2}$

二つの陽子の間の力　　　電気力 $= 10^{36} \times$ 重力

近距離で見るとこの関係はどうなるか？

相対論 $E = mc^2$ 重力の式にあらわれる m はエネルギーとともに増大。

量子力学 $p = \dfrac{h}{\lambda}$　　粒子＝波動

　　　　　h：プランク定数　p：運動量　λ：波長

特に，粒子の速さが光速 c に近いときは，

$E = pc = \dfrac{hc}{\lambda}$

短い距離 ⇔ 高いエネルギー

　　　短い距離の現象を見るには
　　　高いエネルギーの衝突が必要

図9 ● 重力と他の3つの力の大きさの比較

ことになります。結局,ニュートンの重力の式にあらわれる m_1 と m_2 は,短い距離でみると,距離に反比例して大きくなります。ですから,もし m_1, m_2 が一定だったとすると,重力は逆二乗法則に従ったのですが,それよりももっと速く大きくなるというわけです。

ところが,電気力のほうはそれほど激しくは変化しません。先ほど議論した分極の効果をきちんと計算しますと,こちらは対数的な変化であることがわかります。ですから,電気力の変化というのはだんだん大きくなるとはいっても,かなりゆっくり大きくなります。実際に数を入れて評価すると,10^{-18} fm 程度の距離まで近づくと,電気力と重力が等しくなるということがわかります。ここで,10^{18} という数は,力の大きさの比である 10^{36} の平方根からきています。

今,電気力と重力を比べましたが,ここに 10^{-18} fm というスケールがでてきました。重力以外の三つの力を比べたときにも,まったく違った計算に基づくにもかかわらず,10^{-16} から 10^{-18} fm という長さがでていました。結局,10^{-18} fm くらいの距離に行くと,四つの力はすべて同じくらいの強さになっているというわけです。このことから,何か基本になるものがあって,そのスケールが大体 10^{-18} fm くらいであること,つまり,そのような基本のスケールをもつものがすべての力の背後にあると期待されます。この 10^{-18} fm のことをプランクスケールとよんでいます。

重力以外の三つの力の繰り込み

今までの議論で、プランクスケールぐらいのところに何かがあるといったのですが、逆にいうと、プランクスケールよりも粗い分解能でみていても、いろいろな素粒子は点にしかみえないということです。実際に粒子が点であるか点でないかというのは、どのように区別できるのかというのを少し議論しておきたいと思います。その議論をするためにはどうしても「繰り込み」というものをある程度理解することが必要ですので、それについて少し説明いたします。これは第I章や第IV章でも触れたとおり、朝永振一郎先生が場の理論の問題点を解決するために発明された理論です。

古典力学というのはわれわれの身の回りにある普通の力学です。身の回りの粒子というのは各時刻で確定した位置をもっています。つまり、何かものが動いているとすると、この時刻にはどこにいるというように、各時刻で確定した位置をもっているわけです。ところが、ミクロの世界に行くと、古典力学では記述しきれなくなり、量子力学を使います。量子力学で対象になるのはむしろ粒子の軌道ではなくて、ある始状態からある終状態へ遷移する確率振幅というものが問題になります。

ここで確率振幅という言葉がでてきましたが、これは何かある数、複素数（実数と虚数（2乗すると負の数になる数）の和 $x+yi$ という形であらわされる）という数なのですけれども、その絶対値の2乗 (x^2+y^2) をとると確率になるような量のことです。これが単に確率だと実数なのでわかりやすかったかもしれませんが、

量子力学では複素数の確率振幅が問題になります。ここで考えているような確率振幅は，粒子のすべての仮想的な運動についての確率振幅を足し上げたものであるというのが量子力学の一般原理です。

例としてつくばにある高エネルギー加速器研究機構で実際に行われている実験を紹介しましょう。そこでは加速器をつくって，電子と陽電子をぶつけてｂクォークと反ｂクォークをどんどんつくりだしています。それが量子力学的には実際どのようなことをみていることになるのかというのが図10です。まず一番簡単に考えられるのが，途中で電子と陽電子が一回消えて光子になって，その光子がｂクォークと反ｂクォークにまた壊れる，これが仮想的な運動で一番簡単なものです。

その次に簡単なものは，いったん光子になるのですが，その光子がまた粒子と反粒子，これは何でもよくて，クォークと反クォークでもいいですし，電子と陽電子でもいいですが，とにかく粒子と反粒子に分かれて，それがまた光子に戻って，その戻った光子がｂクォークと反ｂクォークに壊れます。このような仮想的な運動も始状態は電子と陽電子，終状態はｂクォークと反ｂクォークです。ですから，始状態と終状態が決まっていても，途中の運動としては，いろいろなものがありうるというわけです。

同様に，もう少し複雑な運動で，電子と陽電子が途中で二つの光子になって，終状態はまたｂクォークと反ｂクォークなどというのも可能です。ほかにもいろいろ複雑な運動が考えられますが，いずれにしろ，量子力学のいっているところは，ある始状態から終状態へ遷移する確率振幅というのは，このような仮想的な

古典力学　粒子は各時刻で確定した位置をもつように運動する。

量子力学　ある始状態からある終状態へ遷移する確率振幅
　　　　　＝各粒子のすべての仮想的な運動についての確率振幅の和
　　　　　（確率振幅とは複素数で、その絶対値の2乗が確率を表す。）

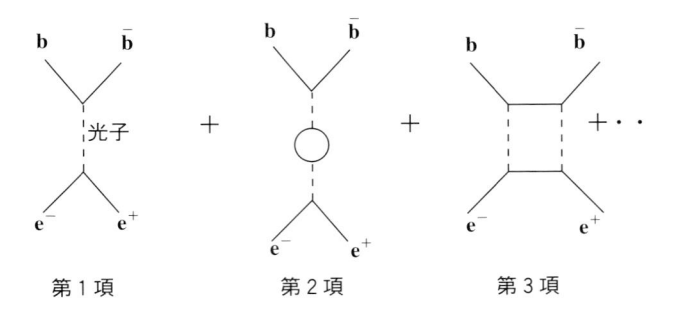

　（例）　電子(e^-) + 陽電子(e^+) → bクォーク(b) + 反bクォーク($\bar{b}$)

第1項（光子）　＋　第2項　＋　第3項　＋‥

図10●ゲージ理論（重力以外の三つの力）の繰り込み

運動を全部足し上げたものだということです。

　ここまでは「ああ，そういうものか」と思っていただいたと思いますが，ここで発散の問題というのが起きてきます。これは途中にあらわれる仮想的な運動（中間状態）について素朴に和をとると，結果が無限大になってしまうという現象です。これが一番端的に現れるのが図10の絵の第2項の場合です（図11）。

　この部分で非常に短い時間の間だけ電子と陽電子，粒子と反粒子の対になって，それがすぐまたもとに戻ります。これは非常に短い時間だけ起こっているのだから，大した効果はないと考えるのが普通なのですが，素朴に確率振幅を計算しますと，無限大という答えになってしまいます。

　このように，素朴に確率振幅を計算すると無限大になってしまうという問題を，「発散の問題」とよんでいます。発散という言葉は数学用語で何かを足し上げたときに無限大になるという意味です。これは場の理論の本質的な欠陥だと思われてきた問題ですが，朝永先生が見つけられた「繰り込み」という方法によって解決が図られました。実は今の電磁気の場合は，図10をみてもわかりますように，絵の第2項は，必ず絵の第1項にともなってあらわれています。すなわち，第2項だけ単独でみえるのではなくて，必ず第1項＋第2項＋…という形であらわれます。つまり，光子が1個飛んでいるのと，途中で粒子と反粒子に変わってから光子に戻る，これらが足し合わさったものが実際に観測される確率振幅です。

　もう少し一般的にいうと，光子が伝搬する，電子が伝搬する，電子と陽電子が消滅して光子に変わる，といった基本的な過程を

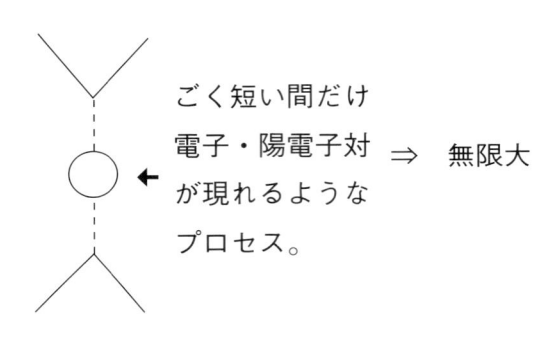

ごく短い間だけ
電子・陽電子対　⇒　無限大
が現れるような
プロセス。

しかしこれは光子の伝播
に対する補正であり，補正後のものが有限
となるように，もとの理論を調節できる。

このように、物理的な確率振幅が
有限になるように，素過程の
パラメーターを調節することを
繰り込みという。

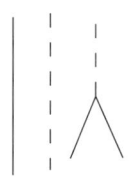

素過程

図11●発散の問題と繰り込み

素過程といいますが、発散が起きる過程は必ず素過程と足し合わさったものとしてあらわれます。すなわち、素過程と発散する過程の和が実際に物理的に観測していることです。ですから、発散を打ち消して、足した結果が有限になるように、もとの素過程の確率振幅を調節できれば、物理的な量には発散はあらわれないわけです。このような操作が「繰り込み」です。ゲージ理論、つまり重力以外の三つの力は、実は今いったように繰り込みの操作で完全に意味のある値をだすことができます。それは実験と非常によく一致しています。

たとえば電子の磁気能力を考えてみます。電子はスピンといわれる重心の周りの角運動をもっています。電子は電荷をもっていますから、角運動量をもっているとすると、全体として磁石になっています。その磁石の大きさがどの程度かというのを g ファクター（電子の磁気能率）とよんでいます。図 12 の上側にこの g ファクターを二で割ったものの、理論値と実験値を示しています。理論値は、コーネル大学の木下東一郎先生が何十年もかけて計算しておられます。計算の精度も実験の精度も年々よくなってきて、比べてみると 10 桁くらいまで完全に一致しています。このように、繰り込み理論によってものすごい精度で物事が計算できるというわけです。

このように、重力以外の場というのは、きちっと繰り込みができます。ところが、重力は繰り込みができないということが解っています。それはどういうことかというと、（図 11 とよく似ていますが）図 12 のようになります。たとえば電子と陽電子があって、途中で重力子をだします。重力子がまた粒子と反粒子になっ

ゲージ理論（重力以外の三つの力）は繰り込みができて，実験と非常によく一致する結果が得られる。

(例)　電子の磁気能率

$g_{理論}/2 = 1.001159652411(166)$

$g_{実験}/2 = 1.001159652209(31)$

重力はくりこみができない。

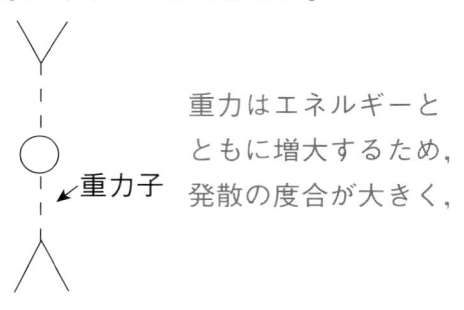

重力子

重力はエネルギーとともに増大するため，発散の度合が大きく，

重力子の伝播

に対する補正として吸収できない。

⇒　重力は本質的に点粒子では記述できない。

図12●重力は繰り込みができない

て，また重力子に戻って，その重力子がほかの粒子を生成します。これは絵ではゲージ理論のときと全く同じです。ところが，重力はエネルギーとともに増大します。そうすると，ド・ブロイの関係から短い距離に行くほど増大することになります。すなわち，非常に短い時間あるいは短い距離では，重力子と粒子・反粒子の結合は非常に大きくなります。そのため，電磁気のときと事情が大きく違ってきます。電磁気のときは，素過程と足すと有限になるように，素過程のパラメータを調節できたのですが，重力は非常に発散の度合いが大きくて，素過程をいくら調節しても発散を消すことはできません。そのような意味で，重力は繰り込みができないといっているわけです。

繰り込みができる，あるいは，できないということは次のような意味をもちます。素過程というのは，点粒子が伝搬したり，二つの点粒子が消えて一つの点粒子をつくったり，というようなプロセスです。ですから，重力以外の三つの力が繰り込み可能ということは，量子力学的な補正があっても，点粒子の描像は成り立つということです。一方，重力は繰り込みができないわけですから，これはもはや点粒子が伝搬しているとは思えない。つまり，重力は本質的に点粒子では記述できないということを意味しています。

6 発散の問題の歴史

ここで，少し発散の問題の歴史をみてみます（図13）。場の理

1930ころ　場の理論（相対論的な点粒子の量子論）
1935年　湯川　中間子論　素粒子は場の理論で記述すべきもの
当初から，発散の問題は重要
　　湯川　点粒子を考えること自体に問題がある。
　　　　　　　⇒基本的に広がったもの（非局所場）
　　朝永　くりこみ理論
　　　　　　重力以外の場の理論は矛盾なくできることがわかった。
1940年代　量子電磁気学が繰り込み理論によって解決
1967年　弱い相互作用も繰り込み理論で解決
～1971年　ワインバーグ・サラム理論の検証（トホーフトとヴェルトマン）
1970年代　強い相互作用も繰り込み理論で解決
1980年前後　実験的にも標準模型が確立（重力以外のすべて）

1980年以降の中心的課題　重力とゲージ理論，物質場（クォーク・レプトン）の統一
　重力は本質的に点粒子ではない。
　一方，10^{-18} fm 程度ですべての力は統一されているように見える。
　⇒何が基本法則か？
　10^{-18} fm 程度の広がったもの　◯　超ひも理論

図 13●発散の問題の歴史

論の最初の形ができたのが1930年ごろです。場の理論とは、結局，点粒子の相対論的な量子力学のことです。その後5年ほどして，湯川秀樹先生が有名な中間子論を発表されました。

それは，素粒子の現象は場の理論で記述すべきものである，ということを最初に明確に指摘したもので素粒子論の出発点となったわけです。その当初から発散の問題はかなり問題になっていました。湯川先生はその後，点粒子を考えること自体に問題があり，基本的に広がったものを考える必要があるのではないか，と考えました。点粒子というのは局所的といえますから，非局所的なものが必要だということをいわれたわけです。しかし，この方向の試みはなかなかうまくいきませんでした。

一方，第Ⅳ章でも触れているように，朝永振一郎先生は1940年代の終わりに繰り込みというものを開発して，実際に「場の理論は発散を逃れることができるのだ」ということを示したわけです（朝永先生はこれでノーベル賞を受賞しました）。結果的には重力以外の場は矛盾なく繰り込みができるということがわかったのですが，かなり時間がかかりました。

歴史を追っていくと，1967年から71年までの間に，弱い相互作用も繰り込み理論で解決することがわかりました。67年というのはワインバーグとサラムが弱電磁相互作用の理論をつくった年で，71年というのはトホーフトとヴェルトマンが，それが実際に繰り込み可能であることを示した年です。

そのあと，1970年代の10年ほどかけて，強い相互作用も繰り込み理論でちゃんと記述できているのだということがわかりました。

これらをまとめて標準模型と呼んでいるわけですが，その基礎を作ったのが南部先生であり，最後に完成させたのが小林先生と益川先生であったわけです。

そして，1980 年前後に，実験的にも標準模型にあらわれるいろいろな粒子，W ボソンですとか Z ボソンですとかグルーオンですとか，そういったものが実験的にもみられるようになって標準模型が確立しました。つまり，1980 年前後に重力以外のすべては標準模型として理解されるようになりました。その後もう 30 年ほどたっています。小さな変更はあるかもしれませんが，標準模型を大きく変える必要があるような矛盾は，今のところ一つもみつかっていません。

そうすると，1980 年以降，次にやらなければならないことは，残った重力です。重力以外の三つの力はゲージ理論で書けていますから，結局，重力とゲージ理論，それからクォークとレプトン，それらを物質場といっていますが，それらを統一的に記述しようというのが次の試みになります。

そのとき，重力は繰り込み可能ではないということが，かえって手がかりになります。重力が繰り込み可能でないということは，重力まで含めて考えると，基本的なものは点粒子ではありえないことを意味します。しかも，10^{-18} fm くらいまで行くとすべてのものが統一されるようにみえます。そうすると，それくらいの大きさの広がりをもつ何ものかが背後にあるだろうということが予想されます。それが，超ひも理論という形で矛盾のないものがつくれるということがわかりました。

7 | ひも理論とは

　ひも理論というのは，素粒子を点として考えるのはもう止めて，その代わりに一次元的に広がったものとみなす考え方です。一次元的に広がったものとは，糸くずみたいな端のあるものと考えてもいいし，輪ゴムみたいに閉じたものと考えてもかまいません。これはどちらでもいいのですが，簡単のために輪ゴムのように閉じたものを考えることにします。

　こういう話をすると，なぜ二次元以上のものを考えないのか，例えば膜みたいに二次元的に広がったものでもいいし，お豆腐みたいに三次元的に広がったものもいいと思うかもしれません。しかし，ひも理論というのは一応一次元から始めるのですが，非常によくできていて，二次元以上のものとか三次元以上のものも自動的に含まれます。そういう意味で出発点としては一次元的なものを考えれば十分なのです。いずれにしても，太さのない輪ゴムのようなもの（絵では主に閉じたひもの絵をかきましたが，開いたひもがあってもかまわない）を考えます。そうすると，このようなひも（弦）はいろいろな仕方で振動し得るわけです。ひもの形をみたときに円形からのずれが1回揺れている，あるいは2回，3回揺れる場合もあります。このような振動の違いを遠くから見ると，異なった種類の粒子にみえます。また，そのひもは切れたりくっついたりもします。二つの輪ゴムがくっついて一つの輪ゴムになったり，一つの輪ゴムがぐっとくびれてきて二つにちぎれたりもするのですが，これが粒子の相互作用にみえるというわけで

す。

　例えば、すでに紹介した電子と陽電子がぶつかっていったん光子になってbクォークと反bクォークとに分かれる現象は、ひも理論の立場から見ると、電子に対応する振動の仕方をしている輪ゴムと陽電子に対応する振動の仕方をしている輪ゴムがいて、それら二つの輪ゴムが合体して、光子に対応する振動の仕方をするようになります。それが今度は逆プロセスで二つに分かれるのですが、一つは反bクォークに対応する振動の仕方、もう一つがbクォークに対応する振動の仕方をする輪ゴムになります。図14右のようなひもが二つくっついてまた離れるプロセスを遠くから見ると、図14左のようになっているのだと解釈できるわけです。これは口で言っているだけではなく、ひもの振動を実際に解析することができます。

　このように、ひもは10^{-18} fmくらいのひろがりをもってぶよぶよ振動しているのですが、そのようなもののうちでエネルギーが小さいものが軽い粒子に対応します。標準模型にでてくる軽い粒子というのは、クォークとレプトン、それから光子、Wボソン、Zボソン、ヒッグス粒子とグルーオンです（図15）。重力子も、このような振動エネルギーの小さなものとしてちゃんと現れます。このように、ひもというものを考えてやると、標準模型プラス重力が自動的に出てくるのです。そこがひも理論のおもしろいところです。

　これはとても興味深いことで、横山先生の章にもあるように、重力というのは時空のゆがみです。そのゆがみの振動である重力波を量子化したものが重力子だったわけですから、重力子がひも

第Ⅲ章 究極理論に向けて——超ひも理論の展望　111

基本的なもの 太さのない輪ゴムのようなもの

1次元的な拡がりを考える。

（2次元以上のものも自動的に含まれる。）

いろいろな仕方で振動しながら、　　　　切れたりくっついたりする。

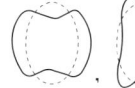

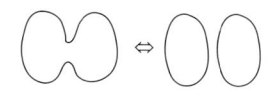

遠くから見ると、異なった種類の粒子に見える。振動の仕方＝粒子の種類

たとえば、

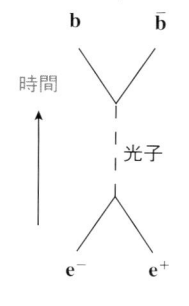

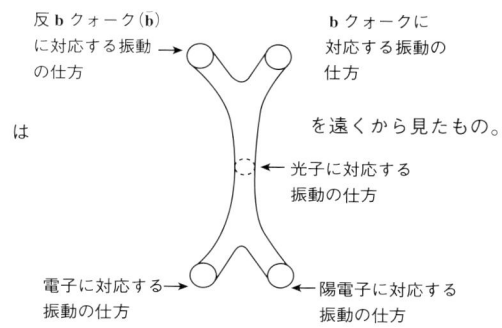

b　　$\bar{b}$　　　反bクォーク($\bar{b}$)　　　bクォークに
　　　　　　　に対応する振動　　　対応する振動
　　　　　　　の仕方　　　　　　　の仕方

時間　　　　　　は　　　　　　　　　　　　　　　を遠くから見たもの。

光子　　　　　　　　　　　　　　　　光子に対応する
　　　　　　　　　　　　　　　　　　振動の仕方

e^-　　e^+　　電子に対応する　　　　陽電子に対応する
　　　　　　　　振動の仕方　　　　　　振動の仕方

図14●超ひも理論とは

振動エネルギーが小さなひも＝軽い粒子

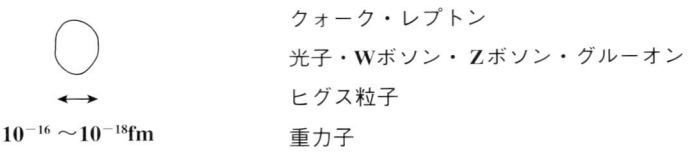

クォーク・レプトン
光子・Wボソン・Zボソン・グルーオン
ヒグス粒子
$10^{-16} \sim 10^{-18}$fm　　　重力子

重力子自身もひも ⇒ 時空のゆがみもひも ⇒ 時空 ≠ 点の集まり

時空のゆがみ自身がひも

なめらか ではない　　なめらか ⇒ 超ひも理論では中間状態にあまり短い波長のものは現れない

点粒子の相互作用　ひもの相互作用

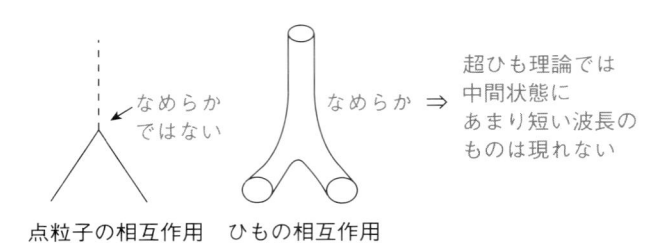

図15●超ひも理論の特徴
1. 標準模型に現われるすべてのものが，１種類のものの振動の仕方の違いとして，統一的に記述できる．
2. 発散の問題はない．

だということは，時空のゆがみ自身がひもだった，つまり点ではなく広がりをもったものだということになります。これは何を意味しているかというと，結局，時空自身をもはや点の集まりと考えるのが無理になってしまったということをいっています。点粒子の力学では，時空を点の集まりと考えていたわけですが，ひもを基本的なものと考えると，もはや時空は幾何学的な点の集まりと思えなくなります。まだ完成していない超ひも理論が最終的にできた暁には恐らく，時空は理論に最初から入っている基本的なものではなく，結果として生成されるものとみなされるようになるでしょう。

現在知られている範囲で，超ひも理論にはどういう特徴があるかをいっておきます。まず，標準模型にあらわれるすべてのものが，一つのもの，つまり閉じたひもの振動の仕方の違いとして統一的に記述できます。

それからもう一つ，これが大事ですが，超ひも理論には元々発散がないということです。発散の問題というのは，点粒子を考える限りは避けられませんでした。つまり，点粒子を考える限りは必ず短い時間で変なことが起きます。それは，普通のゲージ理論に対しては繰り込みで逃げられたのですが，重力に対してはもう逃げようがありません。ところが，超ひも理論までいくと，実は最初から発散がありません。どういうことかというと，点粒子の相互作用は，先ほども議論しましたように，二つの粒子が別の粒子になるということです。

これをひもの立場でいうと，二つのひもがくっついて一つのひもになるということでした。図でみても直感的につかめると思い

ますが、点粒子の相互作用は時空の一点で突然ポンと起こります。一方ひもの相互作用というのは、図15をみてわかるように、全くなめらかです。つまり超ひも理論では、もともと、あまり波長の短い領域はないということになります。

このように、超ひも理論はなかなか優れているのですが、克服しなくてはならない点もいくつかあります（図16）。

最大の問題は、超ひも理論では非摂動効果が本質的に重要だということです。非摂動効果というのは、簡単にいってしまうと、確率振幅を求める際の途中の仮想的な運動として、無限に多くの粒子があらわれるようなもの（無限多体効果）を考えなければならないということです。

8 弦の非摂動効果

非摂動効果というのは、実は標準模型でも強い相互作用を考えるときには重要になってきます。たとえばクォーク間の力です。こちらにクォークがいて、こちらに反クォーク、その間にグルーオンを交換して力がはたらくのですが、クォークと反クォークの距離を離していくと、途中に非常にたくさんの数のグルーオンがあらわれます。距離を離せば離すほどたくさんあらわれます。その結果、いくらクォーク間の距離が離れていても、クォークの間にはたらく力は一定となります。普通のクーロン力だったら距離の逆二乗で小さくなりますが、クォーク間の力はどこまで行っても一定です。これがクォークの閉じ込めといわれている現象です

(例) クォーク間の力

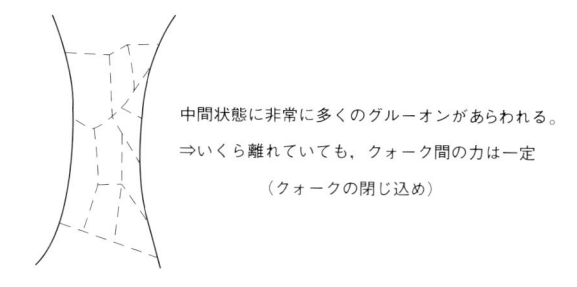

中間状態に非常に多くのグルーオンがあらわれる。
⇒いくら離れていても、クォーク間の力は一定
（クォークの閉じ込め）

強い相互作用は格子ゲージ理論によって、非摂動効果も含めて完全に記述できる。実際、コンピュータによる数値計算によって、陽子、中性子、中間子の質量が計算できる。

超ひも理論の場合でも、非摂動効果を含んだ記述の仕方が見つかれば、時空の次元をはじめ、クォーク・レプトンの質量など、標準模型に現れるすべての量を計算で求めることができるようになると思われる。

図16●超ひも理論が克服すべき点

が，それは，無限個のグルーオンが関与するために起こる現象なのです。

このように無限個の粒子が関与する現象は，今までみてきたような描像，すなわち，クォークがグルーオンを吸収したり放出したりしているといった描像では，もう扱い切れないわけです。しかし，強い相互作用の場合は，格子ゲージ理論というのがあって，非摂動効果も含めて完全に記述することができます。これはきっちり定義された理論で，原理的にはあらゆるものが計算できます。実際にコンピュータを使った数値計算で，いろいろなハドロンの質量などを求めて，実験値と照らし合わせると，陽子とか中性子とか中間子の質量がだいたい 1 ～ 2 ％の誤差で計算できるというところまで来ています。強い相互作用の研究は 70 年代に 10 年かかって完成したといいましたが，実はこの辺のことに 10 年かかったということなのです。

超ひも理論の場合も，非摂動効果が重要であることが解っていますが，今のところ，非摂動効果を含んだ記述の方法はありません。しかし，それが見つかったとすれば，なぜわれわれの時空は四次元であるかとか，なぜクォーク・レプトンはわれわれがみているような質量をもっているかなど，標準模型にあらわれるすべての量を計算できるようになるだろうと思われます。

この非摂動効果というのをもう少し突っ込んで解説したいと思いますが，そのためにまず，摂動論的な描像を説明します。

摂動論的というのは非摂動の逆で，有限個のひも（弦）が振動しながら切れたりくっついたりしている，そのような描像です。つまり，中間にひもが無限個あらわれるような状態は考えない。

何か始状態があり，そのひもが振動しながら何回かくっついたり離れたりして，終状態に達する。そうすると，時空の中に面が描かれるわけです。たとえば，図17では始状態に二つひもがあり，終状態にも二つひもがあります。途中で一回くっついてまた二つに分かれて，また一個になってまた二つに分かれて，といった現象です。いろいろな面が描かれるわけですが，この時空の中に描かれる面を「世界面」とよぶことにします。

われわれは今，量子力学を考えているので，始状態から終状態へ遷移する確率振幅がほしい。すでに述べたように，量子力学では二つの状態をつなぐ仮想的な運動をすべて考え，それぞれに対して確率振幅を与えてやります。それをすべての仮想的な運動について足し上げると，始状態から終状態へ遷移する確率振幅が得られます。その仮想的な運動に対する確率振幅ですが，これも量子力学の一般論によると，作用と呼ばれる量をプランク定数（95ページ参照）で割ったもののi倍の指数関数であたえられます。ここで，iは虚数単位です。つまり，作用という量を決めると，システムが完全に定義されることになります。

そこでひもの作用を考えましょう。作用をプランク定数で割ったものは，大ざっぱにいって世界面の面積です。単位はプランクスケールの2乗で割って，無次元量にしておきます。そうすると，ひもの基本的な長さはプランクスケールということになります。これに加えて，世界面上に何か余分の自由度をもってきます。これは，ひもがどのような形をしているかということ以外に，ひもに沿って動く自由度を導入していることになります。これをひもの内部自由度といいます。

摂動論的な描像

有限個のひもが振動しながら、切れたりくっついたりしている。

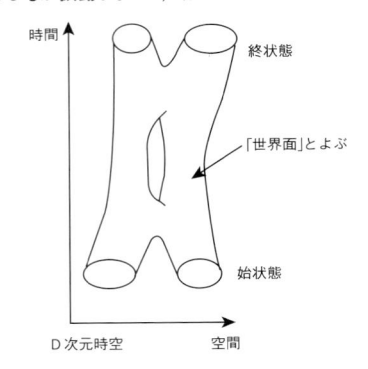

始状態から終状態へ遷移する確率振幅
＝二つの状態をつなぐ仮想的な運動に対する確率振幅 $e^{\frac{i}{\hbar}S}$ の和

$$\frac{S}{\hbar}=\frac{1}{l_P^2}(世界面の面積)+\boxed{\text{"世界面上の場"}} \leftarrow ひもの内部自由度$$

内部自由度をうまくとって、世界面が局所スケール変換に対して不変であるようにしたものを**臨界弦**とよぶ。ここで議論しているのは臨界弦。

図 17 ● 超ひも理論の摂動論的な定式化

このような内部自由度をうまくとって，世界面が局所スケール変換という特別な変換に対して不変であるようにします。たとえば，世界面のこのあたりは2倍に，このあたりは3倍に，このあたりは5倍にする，といった具合に，場所ごとに違う相似変換を考えます。そのような変換に対する不変性をもつようにしたものを臨界弦とよんでいます。ここで議論しているのは全部，臨界弦です。

　また，ひもの内部自由度のとり方はいろいろありますが，それをひとつ決めると，いろいろな振動をしているときのエネルギーと角運動量を計算することができます。それをプロットしたのが，図18です。横軸に重心系でのエネルギー，すなわち質量の二乗を，縦軸に角運動量をとってあります。角運動量は量子力学では，プランク定数の整数倍かその半分ということがわかっていますが，ここでも実際そうなっています。ここで，縦軸上に並んでいるのが質量の軽い粒子に対応する振動です。質量がゼロで，角運動量はプランク定数を単位として，0，2分の1，1，2分の3，2となっています。このうち，一番上の2というのは重力子に対応し，1というのがゲージ粒子で，光子とかグルーオンとかに対応し，それからあと2分の1に対応しているのがクォーク，レプトン，0に対応しているのがヒッグス粒子です。このように標準模型にでてくるべき粒子が全部ここにあらわれているのです。それ以外に重い粒子も無数に出てきます。しかし，これらの粒子をつくるのに必要なエネルギーは非常に大きいので，現在われわれがみている現象には出てきません。

　内部自由度のとり方はいろいろあり，それに応じてこのパター

内部自由度のとり方を決めると，
いろいろな振動の仕方がもつ
エネルギーと角運動量がきまる。

角運動量(h)

重力子 → 2
ゲージ粒子 → 1
クォーク・レプトン → 0
ヒグス粒子 →

〈質量∝重心系でのエネルギー〉

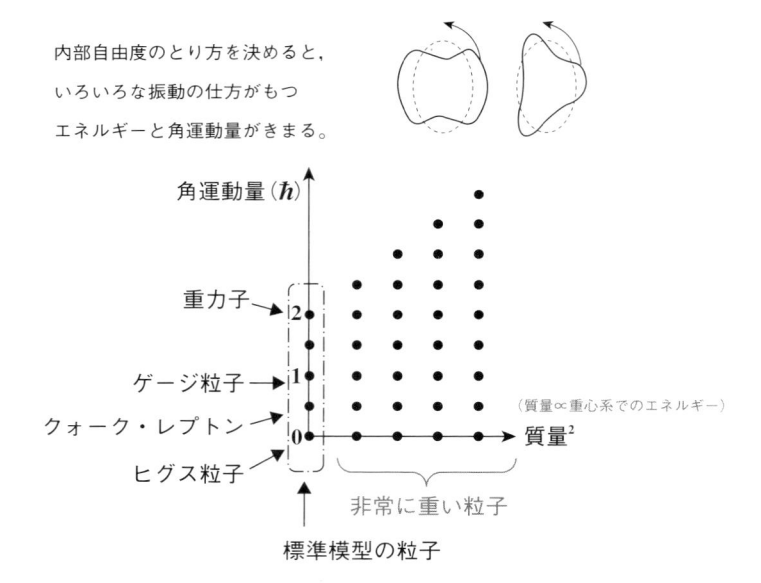

→ 質量^2

標準模型の粒子

非常に重い粒子

図18 ● 臨界弦は必ず重力子を含む
　　内部自由度のとり方にかかわらず，臨界弦は必ず重力子を含み，しかも発散のない理論になっている．
　　重力子以外の部分は内部自由度のとり方によってかわる．
　　実際，内部自由度のとり方をかえることによって，いろいろな時空次元，ゲージ構造，世代数をもつ，無数の超ひも理論が構成できる．

ンは変わってきますが，重力子が必ず出てくるというところはいつも同じです。つまり，臨界弦は必ず重力を含むのです。

いよいよ，ひも（弦）の非摂動効果といのはどういうものか説明しましょう。摂動というのは，無限多体効果は考えません。そういう範囲内でひも理論を考えてやると，ひもの上にいろんな自由度をとることができて，その取り方に対応して無数に理論が考えられます。例えば，ひもの上の自由度を最小にするとひもは10次元の自由度を持つことになり——ひも理論というのは10次元の理論だと聞かれたこともあると思いますがこの場合のことです——，5種類のひも理論が考えられます。糸山先生の章にあるように，素粒子論で真空と言ったときは，場の理論の基底状態のことですが，ひも理論でも上記のいろいろな理論の基底状態は，それぞれの理論における真空をあらわしています。ところがひも理論の場合は，一つの理論の真空から始めて，そこに適当に無限個のひもを持ち込んでやりますと，別の理論の真空になってしまいます（図19）。これは完全に示されているわけではありませんが，摂動論的には無限の真空があっても，それは実は非摂動効果でつながっているのだということが解ります（図20）。

それぞれの理論というのは，非摂動効果を考えなければそれぞれ安定しているように見えるのですが，非摂動効果を考えると実は一つの正しい真空が得られるのではないかと考えられているわけです。もし超ひも理論が本当に自然界を正しく記述しているならば，この唯一の状態というのはわれわれの標準模型の世界そのもののはずです。そうすると，非摂動効果をきちんと取り入れることができる定式化ができた暁には，時空の次元をはじめとし

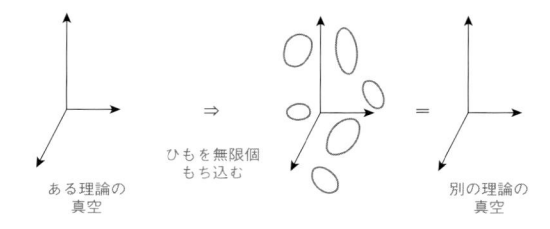

図中: ある理論の真空 ⇒ ひもを無限個もち込む = 別の理論の真空

図19● ひもの非摂動効果
摂動論的には内部自由度のとり方に対応して無数の超ひも理論がある．
(例) 極端な場合として，内部自由度を最も小さくとる．
　　⇒　時空が10次元の5種類の超ひも理論がある．
これらのうちの一つの理論の真空（空っぽの状態）に，適当に無限個の
ひもをもち込むと，別の理論の真空が得られる（ひもボーズ凝縮）．
まだ完全に示されているわけではないが，摂動論的に得られる無限個の
超ひも理論は，一つの理論の異なる基底状態に過ぎないと考えられる．

第Ⅲ章 究極理論に向けて──超ひも理論の展望

```
         9 D理論  9 D理論
          その2   その1
  4 D理論
   その1        10D Heterotic E₈×E₈
    •    非摂動      •
    •    超ひも      •
    •    理論       •
              10D Type II A
         11D M－theory
```

（右図：トンネル効果／いろいろな理論）

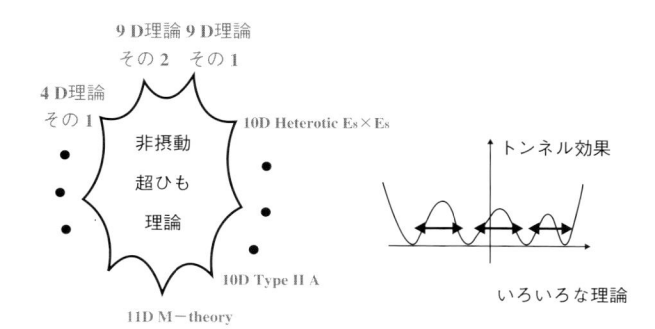

それぞれの理論は摂動論的には他の真空へ遷移することはなく、"安定"。

　非摂動効果は、遷移をひきおこす。
　　⇒　無限個の"真空"の縮退は解けて、唯一の真空が得られる。
　　　　超ひも理論が正しいとすれば、この唯一の真空は我々の標準模型の
　　　　世界そのもののはず。

これは、非摂動効果をきちんと取り入れることのできる定式化ができたあかつきには、時空の次元をはじめとして、ゲージ群の構造、クォーク・レプトンの質量といった、すべてのものが自由なパラメータを一つも持たない理論から説明できるということであり、"究極の理論"の完成といえる。　⇒　行列模型などいくつかの試みがある。

図20●非摂動効果は遷移を引き起こす

て，ゲージ群の構造ですとか，クォーク・レプトンの質量とかいったすべてのものが，パラメータを一つも持たないものから説明できることになります。

9 究極の理論に向けて

最後に，理論物理学が二十世紀にどのように進歩してきたかを振り返り，今後の発展をみきわめる手がかりにしたいと思います。

20世紀の理論の発展は，それまでの理論に限界や矛盾が見つかり，それを新しい原理を構築することによって克服する，という作業の繰り返しだったといえます。新しい原理では，それまで無関係と思われていたものを統一的に扱うことになり，そのため理論の形が絞られて，より具体的になっていくわけです。

その最初のものが，1905年の特殊相対論です。簡単にいってしまうと，ニュートン力学の対称性と電磁気学の対称性が矛盾していました。すなわち，ガリレイ変換とローレンツ変換で矛盾していたという問題だったわけです。それをローレンツ変換で統一してしまいなさいというのが特殊相対論です。そうすると，時間と空間が統一され，電場と磁場が統一されて，理論が大分絞られるようになったわけです。

その約十年後に出た一般相対論というのは，時空のゆらぎを記述するものです。それまでは，時空というものと場というものは別のもので，時空は入れ物で，場はその中にあると考えていたの

ですが,実は,時空自体も力学的な量であると考えるのが一般相対論です。そういう意味で時空と場が統一的に扱われるようになって,横山先生の章にもあるように,宇宙というのは時間とともに生まれたのだと考えられるようになりました。

さらにその10年後に現れた量子力学まで行くと,今度はそれまで粒子と場というのは別のものと思っていたのですが,やはり統一的に理解されるようになってきます。このようにだんだん理論が具体化されて絞られてくるわけです。

そして,ゲージ理論や繰り込み理論まで行くと,課題は発散の問題をどう理解するかということだったのですが,力の源としてはゲージ理論で統一するべきだということになりました。すなわち,場の理論でもいろいろなものがあり得たわけですが,基本的な力はゲージ理論でなければならないということがわかったのです。

しかし,まだこの段階では重力が仲間外れになっています。それが超ひも理論まで行くと,先ほどおみせしたように,すべてのものが一つのセットとして出てきます。こうしてみてみると,統一がどんどん進んで,最後に唯一の理論になってしまうことは非常に自然だというわけです(図21)。

その意味で,今やるべきことは非常に明確です。つまり,超ひも理論の摂動論によらない定式化をつくりなさいということです。この章のタイトルを「究極理論に向けて──超ひも理論の展望──」としましたが,「展望」が「完成」になるのもそれほど長い先ではないと思われます。

今,物理の勉強を始めようとされる人は非常にいい時期にいる

ニュートン力学と電磁気学の矛盾	⇒	**特殊相対性理論**
		時間と空間,電場と磁場の統一
重力と特殊相対論	⇒	**一般相対性理論**
		時空と場の統一
原子の安定性,輻射場の自由度	⇒	**量子力学**
		粒と場の統一
相対論と量子論 発散の問題	⇒	**ゲージ理論,くりこみ理論**
		重力以外の力が
		ゲージ理論で統一
重力の発散	⇒	**超ひも理論**
		すべての場の統一

理論の具体化 ↓

唯一の理論

図 21 ● 究極の理論に向けて 二十世紀理論物理学の進歩の概観.

のではないかと思います。

第Ⅳ章 | *Chapter IV*

二十世紀の物理から二十一世紀の物理へ

南部陽一郎

1 | はじめに

　ここまで本書で扱ったような宇宙と物質のなりたちの解明は，われわれの世界観そのものにも変容を迫ることになります。それは，なだらかな変化ではなく，まるで物理学でいう相転移のように（水が突然氷や蒸気に変わるように，ある相（他から区別された物理的・化学的性質が均一な部分。Phase）が他の相へと転移する現象）突然訪れます。実際，過去百年の間に，物理学の考え方，さらにいえば世界観は，幾度も突然の変化を経験してきました。これは——わたし自身の経験でもそうでしたが——物理学の研究者を突き動かす，大変な刺激です。本章では，アインシュタインにはじまるこの百年の物理学の激変がいかなるもので，それがどのような認識，世界観の変容をもたらしてきたのか，そしてそれが次なる発見をいかに産み出してきたのか，このようなことをあつかいます。いわば，今まで本書でみてきたような内容を，少し視点を変えて「発見史」として語りなおすことを通じて，科学的進歩とは何かという問題を考えてみましょう。

1905　アインシュタインの「奇跡」の年
日露戦争　1904－5
そのとき世界が動いた！

3＋1＋1の業績
1905
　　光量子仮説（量子論の始め）
　　特殊相対論（時間と空間の統一）
　　ブラウン運動の理論（分子の実在性）
1916　重力場の理論（宇宙論の基礎）
1924　ボース・アインシュタイン凝縮

図1 ●2005　世界物理年

2 アインシュタインの 20 世紀

1905 年の奇跡

　2005 年は「世界物理年」とよばれます。アインシュタインが三つの大きな仕事を成し遂げた 1905 年からちょうど百周年を記念して，2004 年に国連総会で定められたものです。

　アインシュタインは 1905 年，光量子仮説で量子論の世界を開拓し，特殊相対論で時間と空間の統一をはかり，ブラウン運動の理論で分子の実在性を論じました。まさに「奇跡の年」と呼ぶにふさわしい業績ですが，しかし，この年に突然アインシュタインが世界を動かしたわけではありません。「進歩」というのは，そういうものではないのです。ここには，二つの含意があります。第一に，彼の仕事の意味が理解され伝播するのに時間を要したということ。そして第二に，アインシュタインが，最初から最後までを，無から世界に提示したわけではないことです。すでにそのころ，量子的な現象は次第に発見されてきていました。アインシュタインは，最後にその核心部分を理論化したのであって，つまり彼の偉大な業績も，先駆的な蓄積のなかで生まれたわけです。このことは，物理学の「進歩」について考えるうえで，重要な示唆を与えてくれます。

　1916 年，彼は重力場の理論を作ります。「重力とは何であろうか」という問いへの考察と理論化は，彼の生涯の夢，最後の夢でした。何年ものちにこの理論が，実は重力場だけではなく，宇宙

論の基礎でもあることが判明します。つまり宇宙というものの構造が、アインシュタインの理論にもとづいて考えられるようになるのです。それを観測・実験を通じて確かめていくことが、今もなお宇宙物理学の基本的な枠組をなしているともいえます。さらにもう一つ、1924年のボース・アインシュタイン凝縮の発見も彼の業績です。詳しくふれませんが、彼は、インド人のボースとほぼ同時に、極低温時の液体におこる一種の相転移現象を理論的に予言しました。しかし、この現象の再現には、およそ70年もの歳月を要することになります。このことも、「進歩」のありかたをよく示しています。

ここで、アインシュタインの生涯を振り返っておきましょう。

彼は1879年、南ドイツのウルムで誕生しました。彼の父親ヘルマンは町工場の経営者でしたが、経営難から転々と居地を変えており、アルベルトがウルムに住んだのはごく短期間でした。ギムナジウム（中等教育に相当）では、いわゆるドイツ式の厳格な教育に反感をもっていたようです。その中で、科学に関心を抱き、結局ウルムに隣接するチューリッヒのスイス工科大学に、知人・友人の斡旋で入学しました。その斬新なアイディアを周囲に伝える術を持たなかったためでしょうか、卒業後なかなか就職できなかったことは、当時の周囲の評価をよくあらわしています。彼はなんとか、スイスのベルンの特許庁の職員として、出願された特許を審査する仕事に就きました。このころ彼は結婚し、子供ももうけています。

驚くことに、「奇跡の年」1905年とはまさにこの時期で、非常に苦しい生活の傍ら、彼は続けざまに三つの理論を提出します。

それが次第にヨーロッパの大学に伝わり，ようやく母校に研究者として雇用されることになりました。ベルンにいたわずか二〜三年の間に，彼は住みかを七度も変えており，非常に落ち着かない生活だったようです。

しかし，母校の職に彼は満足できませんでした。彼は，三つの理論に引き続き，重力の問題にとりかかるわけですが，そのために必要な情報・文献・学問を当時のスイスで得ることは困難でした。そこでチェコのプラハ大学に呼ばれて赴任します。しかし，研究環境こそ充実していたものの，住み心地はよくなかったようです。知名度が上がるとともに，再び母校の教授として呼び戻され，直後プランク (Max Karl Ernst Ludwig Planck, 1858-1947) からの強い要請で，ベルリン大学に招聘されます。ドイツの軍国主義には合わなかったでしょうが，あえてそこに行って数学を学ぶことを選んだわけです。彼の積年の夢であった重力場理論は，ここにようやく完成をみることになります。当時は第一次世界大戦の最中で，各国の学者が自国の戦線に参加するなか，アインシュタインは反戦運動に加わりながら，重力場理論に注力していました。

さて，そのような中で完成した彼の重力場理論とはどのようなものでしょうか。大戦の交戦国であるにもかかわらず，彼の理論を紹介し続けたイギリスのエディントン (Sir Arthur Stanley Eddington, 1882-1944) が，1919年に検証しています。アインシュタインの理論によると，すべてエネルギーを持ったものは重力の作用を受けます。質量もエネルギーの一種です。$E=mc^2$という式をご存知の読者も多いでしょう。遠くの星からやって来る光もエネルギーをもっています。となると，直線に進まずに，太陽の

近くを通ればその引力によって少し方向が変わるはずです。これは，太陽光が遮られる皆既日食の時にしか観測できません。エディントン自ら日食時に測定したところ，確かにアインシュタインの予言通りの値で，星の位置のずれが観測されました。これによって初めて彼は世界的な学者として認められることになります。

　1935年にアインシュタインは，ナチス・ドイツから逃れ，アメリカのプリンストン高等研究所に移ります。彼は1955年に76歳で亡くなりますが，その三年前にわたしはプリンストンに，彼を訪問しています。図2は彼が住んでいた家です。当時わたしは，彼の数軒先に下宿していました。プリンストンは人口5万人ほど，町の中心から研究所まで歩いて20分程度の小さな大学町です。町から毎朝研究所に向かって送迎車が運行しており，近くに住んでいたアインシュタインとも，時たま一緒に相乗りしたものです。図3の写真は，車の中からわたしが撮影した彼の姿です。

アインシュタインの二十世紀

　アインシュタインの偉大な仕事が，先駆的な業績のうえに成り立っていることはすでに述べました。したがって，彼が登場したことの意味を理解するためには，物理学の歴史的な文脈をおさえておく必要があります。

　いわゆる物理学というものができたのは十七世紀です。まずは重力の説明が試みられました。そのために，物の運動の様態と，

1879 生 @**Ulm**（南ドイツ）
チューリッヒ　スイス工科大学卒
　　　ベルン　特許局勤務（三つの奇跡）
チューリッヒ　スイス工科大学
プラハ大学
チューリッヒ　スイス工科大学
ベルリン大学　　　（重力場理論）
プリンストン　高等研究所
1955 逝去（**76**歳）

図2 ●アインシュタインの履歴書

Albert Einstein 1879-1955

図3●晩年のアインシュタイン

それが力によってどのような影響を受けるかを説明する力学が発展していきます。ガリレオの「落体の法則」や，ケプラーをはじめとする天文学者たちが，その先駆をなしました。最終的にこれらを統合したのがニュートンで，彼によって，物が落ちるのも天体が動くのも同じ，重力という力によるものだという発見に至ります。りんごが木から落ちるのを見て重力の理論を考えついた有名な「伝説」によるならば，「天体とりんごの統一理論」といってもよいかもしれません。ここでいう「統一理論」とは，一見異なる現象を同じ論理で説明することで，その意味においてニュートンの業績は，のちに述べる「大統一理論」のようなものとも通底するものです。

　それから二百年，これ以上の大革命はありませんでした。強いていうなら，数学の進歩によって，ニュートンの法則を解析する様々な方法が考え出され，天体運動の計算方法が明らかになってきたことが挙げられますが，本質的に新しい現象がみつかったわけではありません。

　しかし十九世紀に入ると，このような力学の知見の蓄積から，技術の進歩，いわゆる産業革命が起こっていきます。技術の進歩は，全く新しい現象，すなわち電磁現象の研究や調査を可能にし，それをあつかう学問として電磁気学が現われます。イギリスのファラデー（Michael Faraday, 1791-1867）が発展させ，マクスウェル（James Clerk Maxwell, 1831-1879）が完成させた技術の進歩は，スチームエンジン，要するに蒸気機関車を生み出しました。しかし当時は，その原理や法則が不明のまま，経験的に技術が蓄積されている状態です。

特に問題になるのが「熱」でした。熱のはたらきを説明するために，主にクラウジウス（Rudolf Julius Emmanuel Clausius, 1822-1888）を中心とするドイツの科学者たちが，いわゆる熱力学を完成させます。続いて，熱力学を解釈しなおすための統計力学が登場します。最終的に，物質を構成する小さな分子や原子の運動が熱の正体だ，という解釈が提示されました。そのなかで，どうやら物質にはその構成要素があるらしいことが次第に明らかになってきます。しかし，当時これは一つの仮説にすぎませんでした。つまり，たとえば 1 mL の水の中にはどれだけ原子が入っているかという，いわゆる「アボガドロの数」はそのころすでに考えられていたわけですが，そのような粒子が実際に存在するかどうかについては賛否両論だったのです。この論争は激烈なもので，実在論者の最先端的な存在であったボルツマン（Ludwig Eduard Boltzmann, 1844-1906）は，とうとう自殺を遂げてしまいます。

これらの新しい発見は同時に，物理の将来に対する悲観的な予測も生み出すことになりました。天体の運動も，日常の物理現象も，既存の理論で説明できるのであって，もはや物理学の役割は終わったのではないか。今後はせいぜい，測定の精度の向上によって，理論が精密化していくだけではないか。アインシュタインが登場した二十世紀初頭とは，そのような状況のもと，突如として意外な事実が続々と明らかになっていく時期なのです。

この時期の重要な発見と，それにかかわって重要な人物の写真を図4に挙げました。

まずは原子の構造，さらには原子核の構造と，物質の究極構造が次第に明らかになりました。このような微細な世界が，従来の

第Ⅳ章　二十世紀の物理から二十一世紀の物理へ　139

・電子
・相対論
・原子構造
・量子力学
・重力理論
・宇宙の膨張
・核物理
・ビッグバン
・素粒子標準模型

J. J. トムソン　　A. アインシュタイン　　E. ラザフォード

N. ボーア　　W. ハイゼンベルク　　E. ハッブル

湯川秀樹(左)と E. ローレンス(右)

G. ガモフ

図4 ● 重要なイベントと物理学者たち
　　トムソン：Lithographic print by Fotograv. Gen. Stab. Lit. Anst. (Generalstabens Litografiska Anstalt), after original portrait by Arthur Hacker, A. R. A., courtesy AIP Emilio Segre Visual Archives.
　　アインシュタイン：Hebrew University of Jerusalem Albert Einstein Archives, courtesy AIP Emilio Segre Visual Archives.
　　ラザフォード：Cambridge University Library, courtesy AIP Emilio Segre Visual Archives, Rutherford Collection.
　　ボーア：AIP Emilio Segre Visual Archives, Margrethe Bohr Collection.
　　ハイゼンベルク：Photograph by A. Bortzells Tryckeri, courtesy AIP Emilio Segre Visual Archives, Physics Today Collection.
　　ハッブル：Hale Observatories, courtesy AIP Emilio Segre Visual Archives.
　　湯川とローレンス：京都大学基礎物理学研究所湯川記念館資料室。
　　ガモフ：AIP Emilio Segre Visual Archives, Physics Today Collection.

ニュートン力学では説明できないことが判明し，新たな量子論の法則が示されていきます。それとともに，当時観測されていた重力と電磁力以外の力の存在も予想されました。さらにアインシュタインの相対論と重力場の理論によって，時間と空間が別のものではなく，実は関係があることが判明します（「時空」とよばれます）。これらが宇宙論に大きな示唆を与えたことはすでに述べましたが，実際，宇宙の構造に関する知見も，この時期に飛躍的な進展をみせることになります。

　もう少し詳しく経緯を追ってみましょう。まずは電子です。すでに，物質の中にそのような粒子があることは予想されていましたが，大きさ，重量，電気量といった具体的な様相は，ほとんどわかっていませんでした。ところが19世紀末期に発展した真空技術が状況を一変させます。J. J. トムソン（Joseph John Thomson, 1856-1941）が，別の実験のために真空管の中に電極を入れたとき，何か中を通る粒子があることを偶然に発見し，さらにその電気量の測定に成功するのです。これが，電子という，初めての「素粒子」の発見です。

　20世紀に入り，今度は相対論が登場します。前述のマクスウェルによる電気・磁気の法則の確立がその出発点です。電気を帯びたものが電磁場の中でどのように動くか，これが電磁気学と力学，つまりマクスウェルの方程式とニュートンの運動方程式では説明できないことがわかってきました。最終的にこの問いに結論を下したのがアインシュタインで，マクスウェルの電磁方程式ではなくニュートンの方程式に問題があったことを明らかにし，時間と空間とを関連づけることでそれを克服したのが彼の特殊相

対性理論です。

　それ以降も発見は続きます。たとえば原子構造。電子と原子を衝突させることで，原子核の周りに電子が回って原子が構成されていること，さらにはその原子核の正体がわかってきました。この構造を示したのが，ラザフォード（Ernest Rutherford, 1871-1937）です。

　しかし，この電子の運動も，ニュートン力学では充分に説明できません。このことにヒントを与えたのが，熱力学の発展です。当時，熱力学も同様の問題を抱えていました。物質ごとの比熱の変化を考えるうえで，熱した物体から出る様々な波長の光のふるまいが，熱力学の公式では説明できないのです。これに答えを与えたのがアインシュタインをベルリンに招いたプランクで，彼は光量子という仮説を立て，光が粒子として振舞えばこの問題が解決することを示しました。この光量子の実在を示したのもアインシュタインです。たとえば，人間は日焼けをします。しかし，日焼けをもたらすのは非常に波長が短い紫外線のみで，こたつや暖房機から発する赤外線では日焼けはしません。つまり，ある程度波長の短い光でなければ物質に変化を起こせないわけで，これは光が，波長に反比例するエネルギーをもったひとつの粒子であることを示します。

　この光量子の発想を原子の構造の説明に応用するためには色々と難しい問題がありました。それを見事な仮説で説明したのがデンマークのボーア（Niels Henrik David Bohr, 1885-1962）です。ボーアはその後，量子力学となる理論の基礎を築いた代表的人物の一人で，これによってはじめて，物質ごとの性質の違いを説明でき

るようになりました。

　しかし，1930年代に入っても，原子核のはたらきの物理的な解明には至っていませんでした。これを解明したのが，湯川秀樹(1907-1981)とアメリカのローレンス (Ernest Orlando Lawrence, 1901-1958) です。湯川は原子核の中にはたらく新たな種類の力を予言しました。ローレンスはサイクロトロン加速器の原理を発明し，原子核の破壊をはじめとする新たな実験手法で，湯川理論の実証を可能にしました。この二人が，素粒子物理学を現在の形に発展させるための功労者であり，いわば素粒子論の元祖ということになります。

　一方宇宙論については，詳しくは第II章に譲りますが，1920年代のハッブルの登場が画期となりました。もともと法律学を専攻していたハッブルは，シカゴで物理学を学び，天文台での観測を通じて，宇宙の膨張を初めて発見します（ハッブルの法則）。さらに，ロシアにジョージ・ガモフが現れ，いわゆるビッグバンを考えます。これにアインシュタインが反発したことは，よく知られています。

　これ以降，ビッグバンの時期，宇宙の膨張の実相など，さまざまなことがわかりました。太陽系から一番近い星は4.3光年の距離にありますが，ここで問題になるのは遙かに大きな百万光年という規模の世界で，そこではどうしても歴史的要素を考慮する必要が生じます。たとえば地球の年齢が50億年ぐらいとしますと，人類が始まったのが500万年ぐらい前ですから，この地球が始まってから約千分の一に過ぎないのです。

　横山が論じているように，我々を取り巻く世界の成り立ち，ひ

いては宇宙の成り立ちは，素粒子論ときわめて近い関係にあります。いわば，このような遠大な歴史的感覚も，二十世紀の物理学が切り拓いてきた認識といえます。

3 現代物理学の地平と展望

物理学の「進歩」とは何か？ ——二つの「進歩」

わたしが見るところ，われわれの知識の進歩には，二つの種類があります（図5）。一つは偶然の発見です。これが文字通りの「発見」だと思いますが，英語でセレンディピティといいます。もとは，セレンディップ（現在のスリランカ）の人が偶然の発見をする特殊な才能をもっていたという，アラビアの物語からつけられたものだそうです。たとえばJ. J. トムソンによる電子の発見も，もちろん技術の進歩が背景にあるのですが，あくまで別の実験中に偶然不思議なものと遭遇したことがきっかけでした。それから放射能，いわゆるアイソトープだとか，ラジウムとか，医療などに使われている放射性物質も，フランスのベクレルが写真乾板の処理を誤ったために，偶然そこにあった放射性物質に感光して乾板が黒くなったことがその発見のはじまりです。その現象の考察を通じて，放射線の存在に到達したわけです。ほかにも，物質を熱したときの光の波長の変化を説明するために光の粒子（光量子）が仮定され，そこから量子力学が生まれたことも，日焼けを例に述べたとおりです。宇宙の膨張もハッブルが望遠鏡で観測

- 偶然の発見（**serendipity**）
    電子，放射能，量子現象，宇宙の膨張
- 理論的予言
    電磁波
    相対論　　$c^2 t^2 - r^2 = const,$
    　　　　　$E^2 - p^2 c^2 = const = m^2 c^4$
    反粒子
    メソン
    ゲージ場理論

- 技術の進歩
    真空技術，写真技術，加速器，コンピューター，
    electronics，**nanotechnology**

図5 ●知識の進歩と技術の進歩

しているときに，予期せずして発見したことです。

　もう一つの種類の発見というのは理論的予言の検証というべきものです。ある理論から必然的に導かれる予言が先にあり，のちにそれが実証されるような発見のありかたです。たとえばマクスウェルは，ファラデーの電磁気法則に一つだけ余分な項を加えました。そうしなければ電気が保存されないからです。その結果，電磁気が振動する波となって伝わるはずだということになりました。実際，これは電極から火花が散ると電波が出ることから，ただちに検証されました。

　ほかにも，相対論ではニュートンの法則を変更して時間と空間を一緒にまとめて考えなければなりません。時空の二点の距離は，図5中の式のように表されます（cは光速度）。ピタゴラスの定理を，一つマイナスの項を付けて変えたものですが，こうしたものが四次元の時空の中での長さの二乗と考えられます。これはアインシュタインを教えたミンコフスキー（Hermann Minkowski, 1864-1909）が考えたものです。四次元の時空では，質量は重力の源であるばかりでなく，それ自身がエネルギーでもある，すなわち$E=mc^2$となるわけです。つまり，エネルギーと質量は互いに変換することができて，エネルギーがあるところに集中するとそこから突然粒子が発生するという現象が予言されます。実際，この機構，たとえば電子と陽電子が同時に発生することがのちに観測されました。

　偶然（セレンディピティ）にせよ予測の検証にせよ，このような進歩のプロセスを実現するためには，ただ理論を作るだけでなく，技術の進歩が非常に重要です。一九世紀のさまざまな発見

は，真空技術と写真技術の発達に支えられていました。また，ローレンスによる加速器の発明によって，高エネルギー反応を人為的に発生させることを可能にしたことが，素粒子物理学の前提になりました。いまも，新しい技術の猛烈な発達によって，物理学は大変な進歩を遂げています。しかしながら，二十世紀の物理学の変容からわかるように，進歩はいわば波を作っています。一見何も進歩がないような時期の間に，実はいろいろな努力が蓄積されており，それによってやがて突然，新しい現象が発見されます。そこから，その現象の規則性，その規則性の原因を調べ，モデル化して説明することを試みます。たとえば，いろいろな基本粒子があって，それらを組み合わせていろいろな物質ができる，というように。しかし，これだけではわれわれの理解は完成しません。精密な数学的な理論が必要なのです。最終的に，たとえばゲージ理論というような形にまとめられることで，ようやく理論的な体系が完成します。しかしながら，これはわたしを含む素粒子物理学者の習性で，理論体系が完成した瞬間から，その限界と，その先のさらなる可能性を考えます。もっとエネルギーを上げれば，今までの理論では説明できない現象がみつかるのではないか？ 期待に胸を膨らませ，物理学者は新しい実験を計画することになります。これこそが冒頭で述べた，「発見」が物理学者にもたらす刺激です。次節でみるように，素粒子物理学は，まさにこの繰り返しのなかで進歩してきたのです（図6）。

新しい現象
→新しい規則性と新しいモデル(実体)
→理論体系の完成
→その破れ　→　新しい現象
(革命的発見の意義は必ずしもすぐ認められない。)
・1900－1930　革命的時代
　　　　　量子現象，原子構造，量子力学，時空の構造
・1930－1980　原子核，素粒子，標準模型
・1970s　理論が実験を追い越す
　　ゲージ理論，超対称理論，大統一理論，超弦理論
・1990s－　宇宙物理の進歩

図6●進歩は波うつ

第二の「奇跡」――素粒子物理学の誕生

　1905年が「奇跡の年」ならば，1932年は，いわば「第二の奇跡の年」ともよぶべき画期的な年です。ここでも，物理学者の世界観は大きな変容を迫られました。

　この時点で，原子は電子と原子核でできている。力は重力と電磁力からなる。こういったことはわかっていました。

　一方，原子核は陽子と電子で出来ていると思っていたら，ニュートロン（中性子）が原子核中から発見されます。つまり素粒子が突然増えたわけで，これは大きな衝撃だったはずです。次にディラック（Paul Adrien Maurice Dirac, 1902-1984）が，電子があるのならば，それと反対の電気を持った陽電子もあるはずだと予言し，実際に発見されました。1932年とはこのような年だったのです。

　しかしまだ原子核の内部構造はわからない。確かに量子力学は原子の問題を解決しましたが，量子場理論では，自己エネルギー量の計算結果が無限大（発散）になってしまいます。原子核の性質を説明するためには量子力学に代わる新たな力学が必要ではないか。これが，当時の物理学者の主流的な問題関心でした。

　ここからは，十年ごとに見てみましょう。1942年――太平洋戦争がすでに始まり，私が大学を卒業した年――までには，すでに原子核の性質が大体もうわかってしまいました。まず，今まで観測されていた電磁力と重力に加え，フェルミ（Enrico Fermi, 1901-1954）が，ベータ崩壊の弱い力の理論を導入します。ここで新たに，弱い相互作用が明確に定式化され，放射性崩壊が説明可能

になりました。さらに，新たな力として，核力の存在が明らかになってきました。湯川秀樹が量子場の理論を用いて，原子核の中の核子を結びつける力が，彼がメソン（中間子）と名づけた粒子のやり取りに起因することを予言したのです。メソンの場があると仮定すれば，原子核の性質が説明できるばかりでなく，メソンを実際に真空から作り出すこともできて，その質量も予想できます。しかしメソンは，放射能によってすぐに崩壊するために，容易には観測できません。

しかしまもなく，実際に宇宙線の中に新しい粒子が発見されます。ところが，確かに湯川の予言したような質量は持っていたのですが，これはメソンではない，まったく新たな粒子でした。これがレプトンの発見です。新しい粒子がメソンではないという主張は，湯川の弟子，坂田昌一によってなされます（後述するように，ミューオンという第二世代の粒子です）。

さらに，この年の出来事として，原子核連鎖反応の発見が挙げられます。フェルミがシカゴ大学で行った，いわゆる原子炉の連鎖反応の実験が，それを確かなものとしました。この時期の原子核の物理は，このようなことが可能な水準に達していたのです。

さらに十年——私の世代の話になります——，まずは，朝永振一郎，ファインマンとシュウィンガーの三人にふれねばなりません。この三人は前述の，量子場理論の不完全性を，「繰り込み理論」という方法で解決しました（発散と繰り込みについては，第Ⅲ章5節と6節に詳しい）。これによって，量子力学に変わる新しい力学はさしあたり必要なくなったわけです。

それから、湯川が予言したメソン（パイ中間子）も、感度のよい写真乾板ができたおかげで、その中を通過する粒子として実際に発見され、すでにふれた坂田が予言し、すでに発見されていた別の粒子へと崩壊することが観測されました。この新しい粒子がミューオンといって、第二世代に分類される素粒子のうち、第一世代の電子に相当するものです。（「世代」については、のちにまとめて記述します）

　さらに、重い粒子は原子核の中の陽子と中性子のみと考えられていましたが、ストレンジ粒子という不安定な粒子も宇宙線の中で発見されました。さらに、加速器の進歩によって、実験室でも陽子、中性子、湯川メソンの兄弟分ともいうべき新しい粒子を人工的に作り出すことができるようになりました。となると、エネルギーをどんどん上げていけば、素粒子というものはまだいくらでもあるのではないか、あるとすればそれらの間にどのような規則性があるのだろうかということが、以降の――つまり、アメリカにおけるわたしの――大きな課題となります。

　エネルギーを上げていくには、加速器のエネルギーの向上が問題になります。それを示したのが、ローレンスの協力者であったリビングストン（Milton Stanley Livingston, 1905-1986）が見出した経験的な法則です。

　それによると、実際の原子核における反応程度の量を始点に、十年ごとにおよそ十倍のペースでエネルギー量が上がると予想されます。一つの加速の方法で可能なエネルギー量が頭打ちになったところに、新しい加速の方式が作られることでさらなるエネルギー出力が実現するため、単線的な上昇ではなくいわゆる包絡線

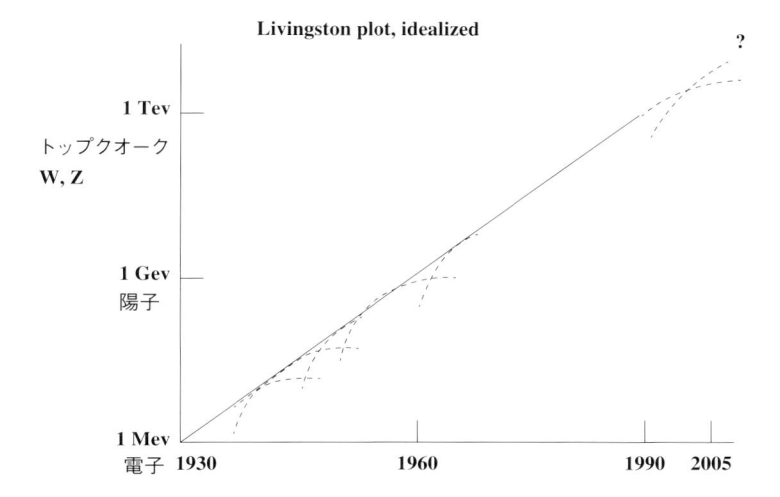

第Ⅳ章　二十世紀の物理から二十一世紀の物理へ　151

Livingston plot, idealized

1 Tev
トップクオーク
W, Z

1 Gev
陽子

1 Mev
電子　1930　　　　　　1960　　　　　　1990　2005

図7●加速器の能力の向上

を描きます。これを滑らかに，少し理想化して書いたものが図7です。こういった技術の進展のなかで，いわゆるトップクォークという第三世代の一番重いクォーク粒子や，W，Zなど，いわゆる重いボソンといわれる，弱い力のもとになる場の量子がのちに発見されることとなります。

さらに10年経ち，1964年になると湯川のパイオン以外にも，さまざまなメソンが予言通りに発見されてきます。素粒子には，陽子，中性子，メソンなどを含むハドロン族と，電子やミューオンなどのレプトン族があるということがわかってきました。

ハドロンが続々と発見されると，その間の規則性も次第に判明してきました。ここには，前述の坂田のグループが大いに貢献しています。しかし，多くのハドロンがでてくると，ハドロンを本当の素粒子とするのではなく，そのもとになるさらに基本的な粒子を想定する必要が生じてきました。クォークの登場です。すなわち，陽子や中性子のようなバリオンは三つのクォークからできており，湯川中間子のようなメソンはクォークと反クォークとからできているとするのです。ハドロンはいろいろな電荷をもっていますが，クォークは電子の3分の1もしくはマイナス3分の2の電荷をもっているとします。この二種類を区別する性質は「香り」と名づけられました。しかし，場の量子論によれば，クォーク粒子の集合はフェルミ統計というものに従うはずです。しかしそれではうまくバリオンの性質を再現できない。それを解決するためには，クォークに別の性質がなくてはなりません。これが「色」です。クォークには三種類の色が仮定されます。色は一種の電荷のようなもので，それに比例してゲージ場をつくる。この

第Ⅳ章　二十世紀の物理から二十一世紀の物理へ　153

「色」がクォークを結びつけることで、ハドロンが構成される。このクォーク間の力が、強い力のもとであるということが分かってきました。これは私が提唱したことです。

　最後に、アインシュタイン以降、ここまで明らかになったことをまとめておきましょう。詳しくは、Ⅲ章（川合）が述べる通りですが、もう少し観念的に話を整理してみたいと思います。

　さしあたり、我々の住んでいるのは3＋1次元の時空です。ここで3は三次元の空間、1は時間の一次元ですが、これらを両方まとめて一緒に考えなければ、物理の法則は普遍性を失うことになってしまいます。

　時空の中に存在し、運動をつかさどる力の種類、これも「3＋1」と表現できます。この「3＋1」は不思議とよく登場します。3というのは電磁的な力、強い力、弱い力です。強い力は原子核のなかで働いているもので、弱い力は放射性崩壊を引き起こします。現在、この三つの力の源はみなゲージ場とよばれています。ゲージ場とは、マクスウェルの電磁場を一般化して作られたもので、のちに実在が確認されました。残る1は重力です。重力場というのもある意味ではゲージ場のようなもので、結局すべての力はゲージ場において引き起こされるということになります（次節で少し詳しく説明します）。日常の世界で主に見られるものは、電磁力と重力で、残る二つは素粒子の世界のものです。

　その微小の世界を構成する要素についても、まとめておきましょう。「世代」という言葉が登場しましたが、これは基本粒子の組のことで、三つの世代（家族とよぶ人もいます）があります。将来実験が進めば、もっと増えるかもしれません。一つの世代の

中には、いろいろなメンバーがいます。人間でいう男や女、親や子に相当するものが、前述の「香り」と「色」で、その組み合わせでメンバーを識別しています。「香り」は一世代の中に二つしかなく、香りによって電荷が違うのは、すでにみた通りです。「色」の分類の仕方は人によって多少は違うかもしれませんけれども、わたしはこれも「3＋1」ととらえています。3は、三種類のクォーク、1は無色でも黒でもよいのですが、レプトンのことで、電子やニュートリノはこちらに属します。一つの色につき、それぞれ二種類の「香り」がある一世代に八個のメンバー粒子があり、このような粒子が全部で三世代あるわけです。

現在のわれわれの世界、日常の世界に現れる物質はすべて第一世代の粒子でできています。どれを第一世代と呼び、どれを第三世代かと呼ぶかは、単に名づけ方の問題で、わたしは一番質量の小さい世代を第一世代とよんでいます。第二世代、第三世代というのは、エネルギーが非常に高いところでしか作れないもので、作ってもすぐ壊れてしまい、第一世代の粒子に戻ってしまいます。

このように整理するときれいにみえるのですが、実際は、そもそも世代が三つであること自体、まったく自明ではありません。第四世代がない確証はありませんし、（冗談半分でいえば）われわれの日常を構成する第一世代の粒子が、将来的に「第0世代」へと崩壊するという仮説もありえます。また、質量についても、なぜか第二世代、第三世代と、上がれば上がるほど質量が重くなりますが、なぜこのような違いがあるのか。そもそも、すぐに崩壊して第一世代に変化してしまうような粒子が、なぜ、いかなる意

味をもって存在しているのか。これらは未だに解けない謎です。

追い抜いていく「理論」 ——大統一理論を目指して

　1900年から20年代までは、二度とあるかないかの、本当の革命的な時代でした。量子力学とアインシュタインの重力理論によって、極微の世界と極大の世界を理解する準備が整います。30年代以降も発見は続き、先述した湯川とローレンスによって原子核の性質が判明し、その後続々と異なる世代の粒子が発見されていくなかで、その規則性も明らかになっていきます。

　問題はその後です。今まで述べたさまざまな出来事は、本節の冒頭に述べた二つの「進歩」のプロセス、すなわち実験と理論の相互関係によって生み出されてきています。理論が予言すれば、実験がチェックし、実験が生み出した偶然の発見は、理論によって説明されてきました。ところが、ここにきて、理論がはるかに実験を追い越してしまったのです。現在に続くこの現象は、またしても物理学を「相転移」のように、大きく変容させることになりました。

　1970年代に入ります。クォークモデルはすでに仮定されていましたが、ハドロンのエネルギーのスペクトルや、そのスピンの大きさは不明でした。これを説明するために、いわゆる紐模型が生まれます。クォークどうしが紐で結ばれて動いていると考えれば、おおむね理解できることが判明したわけです。また、ゲージ理論が進歩して、「色」の力が紐のような性質をもつこともわかりました。その一方で、電磁力と弱い力を統一的に説明すること

もできました。

　この「統一」に，冒頭から何度か登場する相転移が関係します。「対称性の自発的な破れ」とよばれる現象です。詳細は第I章に譲りますが，しばしば磁石の性質を説明するために用いられる概念です。この概念をゲージ場のゲージ不変性という性質に適用することで，あまり遠くまで届かない弱い力も，遠くまで届く電磁力も，最初は同じ形の方程式から出発するのだけれど，弱い力ではゲージ不変性が破れが起こることで，性質の相違が生まれるのだ，という説明が可能になりました。ここに，二つの力の差異が一つのモデルで説明できるようになったのです。

　当時わたしは，新たな発見への予感に満ちていました。実際，物理学の相転移ともいうべき大発見が起こったのは，その4年後，1974年のことです。

　それが，標準模型の完成です。すでにふれたように，ゲージ理論によって電磁力と弱い力の統一が達成されます。さらにクォークの間には強い力のゲージ場が存在し，この強い力のゲージ場は，クォークどうしを強く結びつける紐のような性質をもっていました。同時に，ゲージ理論は，1930年代にディラックが予言したモノポール（磁気単極子：磁石の北極か南極のみを取り出したような不思議な粒子）の存在を許すことが明らかになりました。

　また，この時代に第二世代のクォークとレプトンが全て出揃います。一例として，俗にいう「11月革命」の話にふれておきましょう。これは，チャームと名づけられた第二世代のクォークが，ニューヨーク州のブルックヘブン研究所とカリフォルニア州のスタンフォード大学で同時に発見されたという，衝撃的な出来

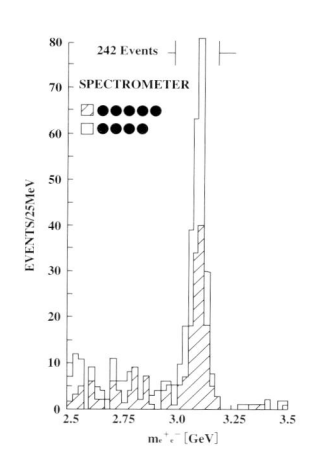

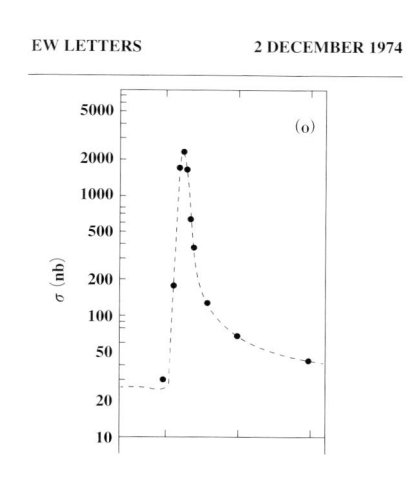

第Ⅳ章　二十世紀の物理から二十一世紀の物理へ　157

図8 ● J/ψの発見

事です。両者が行った実験方法は違いました。一方は陽子を加速して標的に衝突させるのに対し、一方は電子と陽電子をどちらも加速して衝突させ合います。すると、非常に間隔の狭い、あるエネルギー帯で突然大きな反応が起きたのです。チャームからできた J/ψ 粒子が存在していたわけです。図8に示したスタンフォード大学のデータでは、ノイズ以外何もなかったところから、突然およそ百倍強い反応が生じ、またすぐに失せています。対数グラフなので、これは百桁の差を意味します。そのニュースを知らされたわたしは、大変ショックを受け、すぐさま京都大学の友人に電報を打ったことを覚えています。

第二世代の実在も衝撃的でしたが、そのうえに、さらに第三世代が存在することを、有名な小林・益川理論が予想しました（詳しくは、第Ⅰ章糸山）。ここに、いわゆる素粒子標準模型というものが完成したのですが、同時に、さらなる統一への可能性が示唆されます（大統一理論）。標準模型で統一された電磁力と弱い力に加えて強い力、これらはそれぞれ、現在実現可能なエネルギー出力においては、おおまかに十倍ほど強さが異なります。しかし、非常に高いエネルギーの現象においては同じ強さになるのではないかという可能性が指摘されたのです。そうなれば、高エネルギーで三つの力が統一されると考えるのが自然です。

しかしながら、このあたりから理論が実験を引き離して独走を始める、かつてない現象がはじまるのです。図9の図は、いろいろな力の強さが、エネルギーによってどう変動するかを示したものです。それぞれの曲線は、電磁力、弱い力、強い力の強さを示すパラメター（a）の逆数をとったものです。少しずつ動き方が

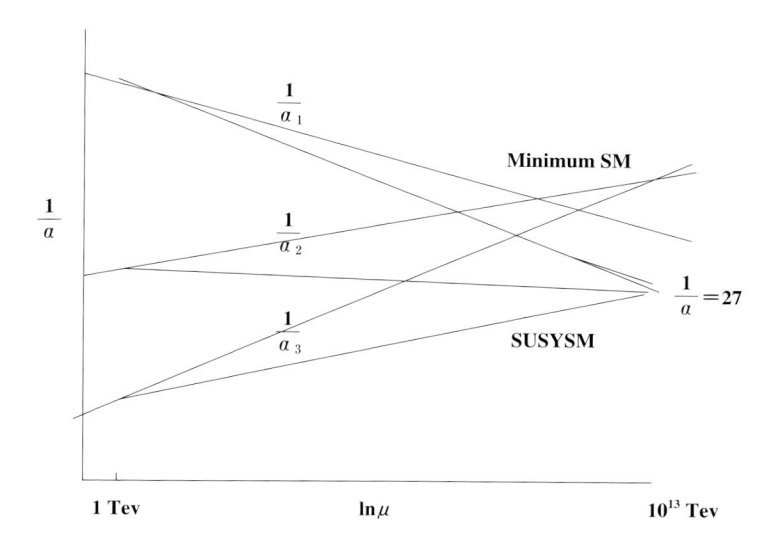

図9 ●いろいろな力の強さの，エネルギーによる変動

違うのですが,エネルギーを上げていくと,確かにおおむね等しくなる領域があることがわかります。詳しくは述べませんが,超対称理論(SUSY)を仮定すると,さらに一致のしかたがよくなります。しかし,検証のためには,今の加速器のエネルギーを十桁程度向上させる必要があるという,まるで夢のような話になってしまいます。理論はここまで予想を伸ばしたわけで,まさに独走というべきでしょう。

さらに十年,1980年代に入ると,今度は超弦理論が登場し,強い力,電磁力,弱い力のほかに重力までも含めて,あらゆる力を統一的に説明する可能性が生まれました。一部の理論家の間では,物理学の終焉まで囁かれたものです。

問題は検証です。大統一理論が正しいとすると,強い力をもつ陽子と持たない電子も,高エネルギーの世界では本質的な違いがないのですから,陽子が電子に崩壊する可能性も生じます。この現象は,実はエネルギーが低くても,いわゆるトンネル効果というものによって生じえます。もしそうであれば,低確率の現象のためきわめて長時間かかりますが,陽子はいつかはすべて消滅してしまうことになります。われわれの知っている物質の世界,われわれ自身の消滅です。また,先述したモノポールの存在も,検証の大きな証拠となります。

ところがこれが進まず,停滞と焦燥の1990年代を迎えます。陽子崩壊もモノポールもみつかりません。超弦ひも論も発展してはいるものの,なかなか実際の世界とは結びつきません。ようやく1995年,トップクォークという,第三世代最後のクォークがようやく発見されます。また,質量を持たないと思われていた

ニュートリノが，わずかな質量を持つことも判明しました。標準模型が仮定するヒッグス・ボソン粒子は，加速器の出力の関係で発見されていませんが，これは時間の問題でしょう。

　一方で，意外なところから新しい現象が発見されてきました。天文学，天体物理学による発見で，宇宙の膨張はだんだんと弱ってきているというのがこれまでの定説でしたが，実は逆に加速しているということがわかってきました。このことから標準模型に含まれない物質が存在するようなのです。それが，糸山が最後にふれた，ダークマターやダークエネルギーです。これも，素粒子物理学で考えねばならない，非常に重要な課題になります。

4 おわりに ──二十一世紀の物理とは何か

　最後に二十一世紀に対する，わたしの希望を述べておきましょう。

　大まかにいえば，極小から極大までを含む，本当の大統一が実現するであろうと期待しています。

　もう少し具体的にいえば，まず，前述したヒッグス粒子はじきにみつかるでしょう。それから超対称粒子。これが発見されると，自然の超対称性が検証されます。それから重力波の検出。これも観測装置が進展すれば，いずれは観測されるでしょう。第四世代以降の粒子の存在，超ひも理論が想定する多次元空間の実在性なども，重要なテーマになります。ダークマターやダークエネルギーの正体もわかるでしょう。

ここまでは、今までの延長線上の問題ですが、また別の角度から、最後に一つ述べておきましょう。図10上は1978年に東京で国際学会があったときに使った資料です。この絵は、有名な物理学者荒船次郎によるもので、アインシュタインの、いわゆる重力場の方程式が書かれています。

　アインシュタインはこの方程式について、終生不満を抱えていました。この式は、左右の調和がとれていないからです。左辺は、重力場という時間空間の幾何学的な構造を表す、非常に美しい理論体系です。ところが右辺を構成する物質の質量や場のエネルギーについては、はっきりした原理が示されていません。アインシュタイン以降、物理学者の関心はこの右側に集中し、左側はほぼ無視されてきました。これにアインシュタインは不満だったわけです。

　ところが今は、少しずつ左側の活躍がはじまっています。ここに、飛行機、東京タワー、ロケットを書き込んでしまいましょう（図10下）。このように、今後は宇宙の構造に関する左側の領域の発展が、大いに期待されます。物理学に興味関心を持たれた方は、是非そのような目で、大いに二十一世紀の「進歩」に参加していただければと思います。

$$R_{\mu\nu} - \tfrac{1}{2} g_{\mu\nu} R = 8\pi G T_{\mu\nu}$$

$$R_{\mu\nu} - \tfrac{1}{2} g_{\mu\nu} R = 8\pi G T_{\mu\nu}$$

図10●アインシュタインの重力場の方程式(イラスト:荒船次郎(上),荒船次郎・南部陽一郎(下))

謝　　辞

　本書のもとになった大阪市立大学主催市民講演会「宇宙と素粒子のなりたち」開催に際しては，大阪市立大学　宮野道雄副学長，櫻木弘之理学研究科長をはじめ，理学研究科の荻尾彰一博士，山本和弘博士，出口翔氏，大学広報部の小澤洋子氏，勝井慶子氏，成蹊大学　浅野雅子博士の献身的な助力を賜りました。ここに厚く御礼申し上げます。第IV章の完成に関しては，京都大学基礎物理学研究所　國友浩博士の尽力に負うところが大きく，ここに深く感謝申し上げます。京都大学学術出版会　鈴木哲也氏，髙垣重和氏には，出版に際しひとかたならぬお世話になりました。深い感謝の意を表します。

糸山浩司

索　引

[あ]
アインシュタイン，A．　35，48-51，64，66，95，129-136，138-142，145，153，155，162，163
天の川銀河　39，42，54
アンドロメダ銀河　39，42
位置エネルギー　66，69，71，73
　　宇宙の――　66
一般相対性理論　48，124
色　153
インフレーション　64，65，66，69，71，73
　　――宇宙論　72
　　――の素　69，72
宇宙項　49，64
宇宙定数　28
宇宙の地平線　42，44，58
宇宙の始まり　58，75
宇宙の果て　58，75
宇宙の晴れ上がり　59
宇宙マイクロ波背景放射　59
運動エネルギー　69
エーテル　24
オングストローム　80

[か]
皆既日食　134
核子　13
確率振幅　98，99，101，103，114，117
核力　149
加速器　4，83，95，99，142，144，146，150，151，160，161
ガモフ，G．　139，142
ガリレイ，G．　45，46，47，137
干渉計　24
基底状態　16，20，21，22
強磁性体　16，17
銀河　39，42，52
銀河団　42
クーロン力　26
クーロンの法則　94
クォーク　7，28，83，85，91，108，110，116，119，124，152，155
　　――間の力　114
繰り込まれた電荷，26
繰り込み　98，100-105，107，108，113，125，149
グルーオン　83，91，93，110，114，116，119
ゲージ場　153，156
ゲージ不変性　21，156
ゲージ粒子　7，21，119
ゲージ理論　88，90，100，103，105，108，113，125，146，147，155，156
原子　7
原子核　7，13，56，80，141，142，148，149，155
光子　30，83，89，93，119
格子ゲージ理論　116
光量子　12，130，131，141，143
　　――仮説　130，131
小林誠　3，88，108，158

[さ]
坂田昌一　149，150，152
時空のゆらぎ　124

磁場 10
重力 45, 48, 88, 94, 96, 97, 108, 125, 131, 133, 148, 153
重力子 88, 103, 105, 110, 119, 120, 121
重力場 131
真空 20, 22, 25
真空偏極 25
水素 59
スピン 103
スペースシャトル 36
世代 150, 153, 154
相転移 129
素粒子 6
――の族 7

[た]
ダークエネルギー 31, 161
ダークマター 31, 161
第一世代 85, 150, 154
第三世代 152, 154, 160
対称性の自発的破れ 3-6, 10, 15, 16, 18, 20, 26, 28, 29, 156
対称性の破れ 3, 4, 15, 31
大統一理論 158
第二世代 85, 149, 150, 154, 156, 158
タウニュートリノ 85
力 10, 13, 15, 30
中間子 15, 80, 83, 149, 152
中性子 7, 13, 15, 56, 80, 85, 148, 152
超銀河団 42
超対称性 29, 30
超対称理論 160
超伝導体 21
超ひも理論 77, 88, 108, 111-113, 116, 118, 122, 125, 160
強い相互作用／強い力 21, 28, 83, 88, 91, 107, 114, 116, 158

定常宇宙 49
電気力／電磁力 89, 94, 97, 148, 155, 158
電子 26, 29, 56, 58, 80, 85, 89, 91, 141, 148
電磁気力 83
電磁弱相互作用 28
電子ニュートリノ 85
電磁波 24
電磁場 153
電場 10
統計力学 138
特殊相対論 124, 131
ド・ブロイの関係 95, 105
トムソン, J.J. 139, 140, 143
朝永振一郎 98, 101, 107, 149

[な]
南部・ゴールドストーン粒子 20
南部陽一郎 3, 4, 15, 18, 20, 21, 64, 98, 107, 108, 129
ニュートン, I. 10, 24, 29, 44, 45, 47, 48, 49, 51, 94, 97, 124, 137, 140, 141, 145
――の運動方程式 10, 140
熱 138
熱力学 78, 79, 138, 141

[は]
場 9, 66, 69, 124
――の量子論 9, 22, 26
ハイゼンベルク, W. 72, 139
発散 103, 148
――の問題 101, 102, 105-107, 112, 113, 125
ハッブル, E. 52, 53, 55, 56, 139, 142, 143
――の法則 52, 54, 142
ハドロン 28, 80, 83, 84, 152, 155
反クォーク 83, 91

反ニュートリノ 85
万有引力 44, 45, 49, 51, 64
ピサの斜塔 45
非摂動効果 114, 116, 121, 122
ヒッグス機構 22
ヒッグス場 22
ヒッグス粒子 9, 88, 110, 119
ビッグバン 51, 62, 72, 142
——宇宙論 62, 64, 69
ひまわり 36
ひも理論 109, 110, 121
標準模型 31, 83, 85-88, 93, 108, 110, 112-114, 116, 119, 121, 139, 147, 156, 158, 161
ファラデー, M. 137, 145
フェムトメートル 80
フェルミ, E. 21, 29, 148, 149, 152
フェルミ粒子 29
不確定性原理 72
複素数 21, 22, 98, 99
物質場 108
ブラウン運動 74, 130, 131
ブラックホール 48
プランク, M. 12, 29, 95-98, 117, 119, 133, 141
プランクスケール 98
プランク定数 29, 95, 96, 117, 119
フリードマン, A. 51, 52, 54, 56
分極 89, 91
ベータ崩壊 85, 148
ヘリウム 59, 64
膨張宇宙 54, 56, 58
ボーア, N. 139, 141
ボース, S. 130, 132

ボース・アインシュタイン凝縮 130, 132
ボース粒子／ボソン 29, 30, 85, 93, 152

[ま]
マイクロ波 59
マイケルソン, A. 24
マクスウェル, J. C. 10, 24, 137, 140, 145, 153
——の電磁方程式 10, 140
益川敏英 3, 88, 108, 158
モーレイ, E. 24

[や]
湯川秀樹 7, 13-15, 26, 107, 139, 142, 149, 150, 152, 155
陽子 7, 13, 15, 56, 58, 80, 85, 152
陽電子 26, 89, 91, 148
ヨナ・ラシニオ, G. 20, 21
弱い相互作用／弱い力 83, 85, 88, 91, 107, 148, 155, 158

[ら]
ラザフォード, E. 139, 141
粒子と反粒子 99, 101, 103
量子ゆらぎ 72
励起状態 18
レプトン 7, 85, 93, 108, 110, 119, 124, 149, 154
ローレンス, E. 139, 142, 146, 150, 155

糸山　浩司（いとやま　ひろし）

大阪市立大学大学院理学研究科数物専攻教授。Ph。D。
1956年生まれ，東京大学理学部物理学科卒業，米国コロンビア大学大学院修了，フェルミ国立加速器研究所研究員，ニューヨーク州立大学理論物理学研究所研究員，大阪大学大学院理学研究科助教授を経て，現職。

【主な著作】
『変貌する超弦理論』（パリティ，丸善，2001年）

横山　順一（よこやま　じゅんいち）

東京大学大学院理学系研究科附属ビッグバン宇宙国際研究センター教授。東京大学理学博士。
1967生まれ，東京大学大学院理学系研究科物理学専攻博士課程中退。
東京大学助手，フェルミ加速器研究所研究員，京都大学基礎物理学研究所助教授，大阪大学助教授などを経て現職。

【主な著作】
『電磁気学』（講談社，2009年）
『宇宙の向こう側』（共著，青土社）
『宇宙論Ⅰ宇宙のはじまり（第二版）』（共著，日本評論社，2012年）

川合　光(かわい　ひかる)

京都大学大学院理学研究科物理学第二教室教授。東京大学理学博士。
1955年生まれ，東京大学大学院理学系研究科博士課程修了。
米国コーネル大学リサーチアソシエイト，アシスタントプロフェッサー，東京大学理学部助教授，高エネルギー研究所教授を経て，現職。理化学研究所仁科加速器センター主任研究員を兼務。

【主な著作】
『量子力学 I・II』(共著　講談社，1994年)
『はじめての〈超ひも理論〉』(共著，講談社，2005年)
『量子の世界』(共著，京都大学学術出版会，2006年)

南部陽一郎(なんぶ　よういちろう)

シカゴ大学名誉教授，大阪市立大学名誉教授。理学博士(東京大学)。
1921年生まれ，東京帝国大学理学部卒。
大阪市立大学理工学部助教授，同教授，プリンストン高等研究所研究員，シカゴ大学助教授，同教授を歴任。
2008年ノーベル物理学賞受賞。

【主な著作】
『クォーク(第2版)——素粒子物理はどこまで進んできたか』(講談社，1998年)
『大学院素粒子物理(1)——素粒子の基本的性質』(中村誠太郎編，共著，講談社，1997年)

宇宙と素粒子のなりたち　　学術選書063

2013 年 8 月 10 日　初版第 1 刷発行

著　　　者…………糸山　浩司
　　　　　　　　　横山　順一
　　　　　　　　　川合　　光
　　　　　　　　　南部　陽一郎
発　行　人…………檜山　爲次郎
発　行　所…………京都大学学術出版会
　　　　　　　　　京都市左京区吉田近衛町 69
　　　　　　　　　京都大学吉田南構内（〒606-8315）
　　　　　　　　　電話（075）761-6182
　　　　　　　　　FAX（075）761-6190
　　　　　　　　　振替 01000-8-64677
　　　　　　　　　URL http://www.kyoto-up.or.jp

印刷・製本…………㈱太洋社

装　　　幀…………鷺草デザイン事務所

ISBN 978-4-87698-863-1
　　Ⓒ H. Itoyama, J. Yokoyama, H. Kawai and Y. Nambu 2013
定価はカバーに表示してあります　　　　　Printed in Japan

本書のコピー，スキャン，デジタル化等の無断複製は著作権法上での例外を除き禁じられています．本書を代行業者等の第三者に依頼してスキャンやデジタル化することは，たとえ個人や家庭内での利用でも著作権法違反です．

037 新・動物の「食」に学ぶ　西田利貞

038 イネの歴史　佐藤洋一郎

039 新編　素粒子の世界を拓く　湯川・朝永から南部・小林・益川へ　佐藤文隆 監修

040 文化の誕生　ヒトが人になる前　杉山幸丸

041 アインシュタインの反乱と量子コンピュータ　佐藤文隆

042 災害社会　川崎一朗

043 ビザンツ　文明の継承と変容　井上浩一　諸8

044 カメムシはなぜ群れる?　離合集散の生態学　藤崎憲治

045 異教徒ローマ人に語る聖書　創世記を読む　秦　剛平

046 江戸の庭園　将軍から庶民まで　飛田範夫

047 古代朝鮮　墳墓にみる国家形成　吉井秀夫　諸13

048 王国の鉄路　タイ鉄道の歴史　柿崎一郎

049 世界単位論　高谷好一

050 書き替えられた聖書　新しいモーセ像を求めて　秦　剛平

051 オアシス農業起源論　古川久雄

052 イスラーム革命の精神　嶋本隆光

053 心理療法論　伊藤良子　心7

054 イスラーム　文明と国家の形成　小杉　泰　諸4

055 聖書と殺戮の歴史　ヨシュアと士師の時代　秦　剛平

056 大坂の庭園　太閤の城と町人文化　飛田範夫

057 歴史と事実　ポストモダンの歴史学批判をこえて　大戸千之

058 神の支配から王の支配へ　ダビデとソロモンの時代　秦　剛平

059 古代マヤ　石器の都市文明［増補版］　青山和夫　諸11

060 天然ゴムの歴史　ヘベア樹の世界一周オデッセイから「交通化社会」へ　こうじや信三

061 わかっているようでわからない数と図形と論理の話　西田吾郎

062 近代社会とは何か　ケンブリッジ学派とスコットランド啓蒙　田中秀夫

063 宇宙と素粒子のなりたち　糸山浩司・横山順一・川合　光・南部陽一郎

学術選書 [既刊一覧]

*サブシリーズ 「心の宇宙」→ 心 「宇宙と物質の神秘に迫る」→ 宇 「諸文明の起源」→ 諸

001 土とは何だろうか？　久馬一剛
002 子どもの脳を育てる栄養学　中川八郎・葛西奈津子
003 前頭葉の謎を解く　船橋新太郎
005 コミュニティのグループ・ダイナミックス　杉万俊夫 編著 心1
006 古代アンデス 権力の考古学　関雄二 諸12
007 見えないもので宇宙を観る　小山勝二ほか 編著 宇1
008 地域研究から自分学へ　高谷好一
009 ヴァイキング時代　角谷英則 諸9
010 GADV仮説 生命起源を問い直す　池原健二
011 ヒト 家をつくるサル　榎本知郎
012 古代エジプト 文明社会の形成　高宮いづみ 諸2
013 心理臨床学のコア　山中康裕 心3
014 古代中国 天命と青銅器　小南一郎 諸5
015 恋愛の誕生 12世紀フランス文学散歩　水野尚
016 古代ギリシア 地中海への展開　周藤芳幸 諸7
018 紙とパルプの科学　山内龍男

019 量子の世界　川合・佐々木・前野ほか編著 宇2
020 乗っ取られた聖書　秦剛平
021 熱帯林の恵み　渡辺弘之
022 動物たちのゆたかな心　藤田和生 心4
023 シーア派イスラーム 神話と歴史　嶋本隆光
024 旅の地中海 古典文学周航　丹下和彦
025 古代日本 国家形成の考古学　菱田哲郎 諸14
026 人間性はどこから来たか サル学からのアプローチ　西田利貞
027 生物の多様性ってなんだろう？ 生命のジグソーパズル　京都大学総合博物館／京都大学生態学研究センター 編
028 心を発見する心の発達　板倉昭二 心5
029 光と色の宇宙　福江純
030 脳の情報表現を見る　櫻井芳雄 心6
031 アメリカ南部小説を旅する ユードラ・ウェルティを訪ねて　中村紘一
032 究極の森林　梶原幹弘
033 大気と微粒子の話 エアロゾルと地球環境　笠原三紀夫 監修
034 脳科学のテーブル 日本神経回路学会監修／外山敬介・甘利俊一・篠本滋 編
035 ヒトゲノムマップ　加納圭
036 中国文明 農業と礼制の考古学　岡村秀典 諸6